〔北齊〕顏之推 撰

歷代家訓經典

（一）

萬卷出版有限責任公司
VOLUMES PUBLISHING COMPANY

詳校官助教臣常循

欽定四庫全書　子部十

顏氏家訓　雜家類雜學之屬

提要

臣等謹案顏氏家訓二卷舊本題北齊黃門侍郎顏之推撰考陸法言切韻序作於隋仁壽中所列同定八人之推與焉則實終於隋代舊本所題蓋據作書之時也陳振孫書録解題云古今家訓以此為祖然李翺所稱太

公家訓雖屬僞書至杜預家誡之類則在前久矣特之推所撰卷帙稍多耳晁公武讀書志云之推本梁人所著凡二十篇述立身治家之法辨正時俗之謬以訓子孫今觀其書大抵於世故人情深明利害而能文之以經訓故唐志宋志俱列之儒家然其中歸心等篇深明因果不出當時好佛之習又兼論字畫音訓並考正典故品第文藝曼衍旁涉不

專爲一家之言今特退之雜家從其類焉又是書隋志不著録唐志宋志俱作七卷今本乃止二卷錢曾讀書敏求記載有宋鈔淳熙七年嘉興沈揆本七卷以閣本蜀本及天台謝氏所校五代和凝本參定末附考證二十三條别爲一卷且力斥流俗併爲二卷之非今沈本不可復見無由知其分卷之舊姑從明人刊本録之然其文既無異同則卷帙分

合亦為細故惟考證一卷佚之為可惜耳乾

隆四十九年三月恭校上

總纂官臣紀昀臣陸錫熊臣孫士毅

總校官臣陸費墀

欽定四庫全書

顔氏家訓卷上

北齊 顔之推 撰

序致篇第一

夫聖賢之書教人誠孝慎言檢迹立身揚名亦已備矣魏晉以來所著諸子理重事複遞相模斆猶屋下架屋牀上施牀耳吾今所以復為此者非敢軌物範世也業以整齊門内提撕子孫夫同言而信信其所親同命而

行行其所服禁童子之暴謔則師友之誡不如傅婢之指揮止凡人之鬬鬩則堯舜之道不如寡妻之誨諭吾望此書為汝曹之所信猶賢於傅婢寡妻耳 吾家風教素為整密昔在齠齓便蒙誨誘每從兩兄曉夕温凊規行矩步安辭定色鏘鏘翼翼若朝嚴君焉賜以優言問所好尚勵短引長莫不懇篤年始九歲便丁荼蓼家徒離散百口索然慈兄鞠養苦辛備至有仁無威導示不切雖讀禮傳微愛屬文頗為凡人之所陶染肆欲輕

言不修邊幅年十八九少知砥礪習若自然卒難洗盪二十以後大過稀焉每常心共口敵性與情競夜覺曉非今悔昨失自憐無教以至於斯追思平昔之指銘肌鏤骨非徒古書之誡經目過耳故留此二十篇以為汝曹後範耳

教子篇第二

上智不教而成下愚雖教無益中庸之人不教不知也

古者聖王有胎教之法懷子三月出居别宮目不邪視

耳不妄聽音聲滋味以禮節之書之玉版藏諸金櫃子生咳提師保固明仁智禮義導習之矣凡庶縱不能爾當撫嬰稚識人顏色知人喜怒便加教誨使為則為使止則止比及數歲可省笞罰父母威嚴而有慈則子女畏慎而生孝矣吾見世間無教而有愛每不能然飲食運為恣其所慾宜誡翻獎應訶反笑至有識知謂法當耳驕慢已習方復制之捶撻至死而無威忿怒日隆而增怨逮于成長終為敗德孔子云少成若天性習慣如

自然是也俗諺曰教婦初來教兒嬰孩誠哉斯語　凡人不能教子女者亦非欲陷其罪惡但重於訶怒傷其顏色不忍楚撻慘其肌膚耳當以疾病爲諭安得不用湯藥鍼艾救之哉又宜思勤督訓者可願苛虐於骨肉乎誠不得已也　王大司馬母魏夫人性甚嚴正王在湓城時為三千人將年踰四十少不如意猶捶撻之故能成其勳業梁元帝時有學士聰敏有才為父所寵失於教義一言之是徧於行路終年譽之一行之非揜

藏文飾冀其自改年登婚宦暴慢日滋竟以言語不擇為周逖抽腸釁鼓云　父子之嚴不可以狎骨肉之愛不可以簡簡則慈孝不接狎則怠慢生焉由命士以上父子異宮此不狎之道也抑搔癢痛懸衾篋枕此不簡之教也或問曰陳亢喜聞君子之遠其子何謂也對曰有是也蓋君子之不親教其子也詩有諷刺之詞禮有嫌疑之誡書有悖亂之事春秋有衺僻之譏易有備物之象皆非父子之可通言故不親授耳其意見白虎通　齊武

成帝子瑯琊王太子母弟也生而聰慧帝及后並篤愛之衣服飲食與東宮相準帝每面稱之曰此黠兒也當有所成及太子即位王居别宫禮數優僭不與諸王等太后猶謂不足常以為言年十許歲驕恣無節器服玩好必擬乘輿常朝南殿見典御進新氷鈎盾獻早李還索不得遂大怒詢曰至尊已有我何意無不知分齊率皆如此識者多有叔段州吁之譏後嫌宰相遂矯詔斬之又懼有救乃勒麾下軍士防守殿門既無反心受勞

而罷後竟坐此幽縶　人之愛子罕亦能均自古及今此弊多矣賢俊者自可賞愛頑魯者亦當矜憐有偏寵者雖欲以厚之更所以禍之共叔之死母實為之趙王之戮父實使之劉表之傾宗覆族袁紹之地裂兵亡可為靈龜明鑒也　齊朝有一士大夫嘗謂吾曰我有一兒年已十七頗曉書疏教其鮮卑語及彈琵琶稍欲通解以此伏事公卿無不寵愛亦要事也吾時俛而不答異哉此人之教子也若由此業自致卿相亦不願汝曹

為之

兄弟篇第三

夫有人民而後有夫婦有夫婦而後有父子有父子而後有兄弟一家之親此三而已矣自茲以往至于九族皆本於三親焉故於人倫為重者也不可不篤兄弟者分形連氣之人也方其幼也父母左提右挈前襟後裾食則同案衣則傳服學則連業遊則共方雖有悖亂之人不能不相愛也及其壯也各妻其妻各子其子雖有

篤厚之人不能不少衰也娣姒之比兄弟則疎薄矣今使疎薄之人而節量親厚之恩猶方底而圓葢必不合矣唯友悌深至不為傍人之所移者免夫　二親既殁兄弟相顧當如形之與影聲之與響愛先人之遺體惜巳身之分氣非兄弟何念哉兄弟之際異於他人望深則易怨地親則易弭譬猶居室一穴則塞之一隙則塗之則無頹毀之慮如雀鼠之不卹風雨之不防壁陷楹淪無可救矣僕妾之為雀鼠妻子之為風雨甚哉　兄

弟不睦則子姪不愛子姪不愛則羣從疏薄羣從疏薄則僮僕為讎敵矣如此則行路皆踖其面而蹈其心誰救之哉人或交天下之士皆有歡愛而失敬於兄者何其能多而不能少也人或將數萬之師得其死力而失恩於弟者何其能疏而不能親也　娣姒者多爭之地也使骨肉居之亦不若各歸四海感霜露而相思佇日月之相望也況以行路之人處多爭之地能無間者鮮矣所以然者以其當公務而執私情處重責而懷薄義

也若能恕已而行換子而撫則此患不生矣　人之事兄不可同於事父何為愛弟不及愛子乎是反照而不明也沛國劉璡嘗與兄瓛連棟隔壁瓛呼之數聲不應良久方荅瓛怪問之乃云向來未着衣帽故也以此事兄可以免矣　江陵王玄紹弟孝英子敏兄弟三人特相愛友所得甘旨新異非共聚食必不先嘗孜孜色貌相見如不足者及西臺陷没玄紹以形體魁梧為兵所圍二弟爭共抱持各求代死終不得解遂并命爾

後娶篇第四

吉甫賢父也伯奇孝子也賢父御孝子合得終於天性而後妻間之伯奇遂放曾參婦死謂其子曰吾不及吉甫汝不及伯奇王駿喪妻亦謂人曰我不及曾參子不如華元竝終身不娶此等足以為誡其後假繼慘虐孤遺離閒骨肉傷心斷腸者何可勝數慎之哉慎之哉

江右不諱庶孽喪室之後多以妾媵終家事疥癬蚊虻或未能免限以大分故稀鬬鬩之恥河北鄙於側出不

預人流是以必須重娶至于三四毋年有少於子者後母之弟與前婦之兄衣服飲食爰及婚宦至于士庶貴賤之隔俗以為常身沒之後辭訟盈公門謗辱彰道路子誣母為妾弟黜兄為傭播揚先人之辭迹暴露祖考之長短以求直已者往往而有悲夫自古姦臣佞妾以一言陷人者衆矣況夫婦之義曉夕移之婢僕求容助相說引積年累月安有孝子乎此不可不畏　凡庸之性後夫多寵前夫之孤後妻必虐前妻之子非唯婦人

懷嫉妬之情丈夫有沉惑之僻亦事勢使之然也前夫之孤不敢與我子爭家提攜鞠養積習生愛故寵之前妻之子每居己生之上宦學婚嫁莫不為防焉故虐之異姓寵則父母被怨繼親虐則兄弟為讎家有此者皆門戶之禍也　思魯等從舅殷外臣博達之士也有子基諶皆已成立而再取王氏基每拜見後母感慕嗚咽不能自持家人莫忍仰視王亦悽愴不知所容旬月求退便以禮遣此亦悔事也　後漢書曰安帝時汝南薛

包字孟甞好學篤行喪母以至孝聞及父娶後妻而憎包分出之包日夜號泣不能去至被毆杖不得已廬於舍外旦入而洒掃父怒又逐之乃廬於里門昏晨不廢積歲餘父母慙而還之後行六年服喪過乎哀既而弟子求分財異居包不能止乃中分其財奴婢引其老者曰與我共事乆若不能使也田廬取其荒頓者曰吾少時所理意所戀也器物取其朽敗者曰我素所服食身口所安也弟子數破其産還復賑給建光中公車特徵

至拜侍中包性恬虛稱疾不起以死自乞有詔賜告歸也

治家篇第五

夫風化者自上而行於下者也自先而施於後者也是以父不慈則子不孝兄不友則弟不恭夫不義則婦不順矣父慈而子逆兄友而弟傲夫義而婦陵則天之凶民乃刑戮之所攝非訓導之所移也笞怒廢於家則豎子之過立見刑罰不中則民無所措手足治家之寬猛

亦猶國焉孔子曰奢則不遜儉則固與其不遜也寧固又云雖有周公之才之美使驕且吝其餘不足觀也已然則可儉而不可吝也儉者省約為禮之謂也吝者窮急不卹之謂也今有奢則施儉則吝如能施而不奢儉而不吝可矣

生民之本要當稼穡而食桑麻以衣蔬果之蓄園場之所產雞豚之善塒圈之所生爰及棟宇器械樵蘇脂燭莫非種殖之物也至能守其業者閉門而為生之具以足但家無鹽井耳今北土風俗率能躬

儉節用以贍衣食江南奢侈多不逮焉　梁孝元世有中書舍人治家失度而過嚴刻妻妾遂共貨刺客伺醉而殺之　世間名士但務寬仁至於飲食饟饋僮僕減損施惠然諾妻子節量狎侮賓客侵耗鄉黨此亦為家之巨蠹矣　齊吏部侍郎房文烈未嘗嗔怒經霖雨絶糧遣婢糴米因爾逃竄三四許日方復擒之房徐曰舉家無食汝何處來竟無捶撻嘗寄人宅奴婢徹屋為薪略盡聞之顰蹙卒無一言　裴子野有疏親故屬饑寒

不能自濟者皆收養之家素清貧時逢水旱二石米為薄粥僅得遍焉躬自同之常無猒色鄰下有一領軍嗇積已甚家童八百誓滿一千朝夕肴膳以十五錢為率遇有客旅更無以兼後坐事伏法籍其家產麻鞋一屋弊衣數庫其餘財寶不可勝言南陽有人為生奥博性殊儉吝冬至後女壻謁之乃設一銅甌酒數臠麞肉壻恨其單率一舉盡之主人愕然俛仰命益如此者再退而責其女曰某郎好酒故汝嘗貧及其死後諸子爭財

兄遂殺弟　婦主中饋唯事酒食衣服之禮耳國不可使預政家不可使幹蠱如有聰明才智識達古今正當輔佐君子助其不足必無牝鷄晨鳴以致禍也　江東婦女略無交遊其婚姻之家或十數年間未相識者唯以信命贈遺致殷勤焉鄴下風俗專以婦持門戶爭訟曲直造請逢迎車乘填街衢綺羅盈府寺代子求官為夫訴屈此乃恒代之遺風乎南間貧素皆事外飾車乘衣服必貴齊整家人妻子不免饑寒河北人事多由內

政綺羅金翠不可廢闕羸馬頳奴僅充而已唱和之禮或爾汝之　河北婦人織紝組紃之事黼黻錦繡羅綺之工大優於江東也太公曰養女太多一費也陳蕃云盜不過五女之門女之為累亦以深矣然天生蒸民先人傳體其如之何世人多不舉女賊行骨肉豈當如此而望福於天乎吾有踈親家饒妓媵誕育將及便遣閽竪守之體有不安窺窻倚戶若生女者輒持將去母隨號泣莫敢救之使人不忍聞也　婦人之性率寵子壻

而虐兒婦寵壻則兄弟之怨生焉虐婦則姊妹之讒行焉然則女之行留皆得罪於其家者母實為之至有諺云落索阿姑飡此其相報也家之常弊可不誡哉

婚姻素對靖侯成規近世嫁娶遂有賣女納財買婦輸絹比量父祖計較錙銖責多還少市井無異或猥壻在門或傲婦擅室貪榮求利反招羞恥可不慎歟

借人典籍皆須愛護先有缺壞就為補治此亦士大夫百行之一也濟陽江祿讀書未竟雖有急速必待卷束整齊然

後得起故無損敗人不厭其求假焉或有狼籍几案分散部帙多為童幼婢妾之所點汙風雨犬鼠之所毀傷實為累德吾每讀聖人之書未嘗不肅敬對之其故紙有五經詞義及賢達姓名不敢穢用也 吾家巫覡禱請絕於言議符書章醮亦無祈焉竝汝曹所見也勿妖妄之費

風操篇第六

吾觀禮經聖人之教箕帚匕箸咳唾唯諾執燭沃盥皆

有節度亦為至矣但既殘缺非復全書其有所不載及世事變改者學達君子自為節度相承行之故世號士大夫風操而家門頗有不同所見互稱長短然其阡陌亦自可知昔在江南目能視而見之耳能聽而聞之蓬生麻中不勞翰墨汝曹生於戎馬之間視聽之所不曉故聊記録以傳示子孫

禮云見似目瞿聞名心瞿有所感觸惻愴心眼若在從容平常之地幸須申其情耳必不可避亦當忍之猶如伯叔兄弟酷類先人可得終

身腸斷與之絶耶又臨文不諱廟中不諱君所無私諱葢知聞名須有消息不必期於顛沛而走也梁世謝舉甚有聲譽聞諱必哭為世所譏又臧逢世臧嚴之子也篤學修行不墜門風孝元經牧江州遣往建昌督事郡縣民庶競修牋書朝夕輻輳几案盈積書有稱嚴寒者必對之流涕不省取記多廢公事物情怨駭竟以不辦而還此竝過事也近在陽都有一士人諱審而與沈氏交結周厚沈與其書名而不姓此非人情也凡避諱者

皆須得其同訓以代換之桓公名白博有五皓之稱厲王名長琴有修短之目不聞謂布帛為布皓呼腎腸為腎修也梁武小名阿練子孫皆呼練為絹乃謂銷鍊物為銷絹物恐乖其義或有諱雲者呼紛紜為紛烟有諱桐者呼梧桐樹為白鐵樹便似戲笑耳周公名子曰禽孔子名兒曰鯉止在其身自可無禁至若衛侯魏公子楚太子皆名蟣虱長卿名犬子王修名狗子上有連及理未為通古之所行今之所笑也北土多有名兒為驢

駒豚子者使其自稱及兄弟所名亦何忍哉前漢有尹翁歸後漢有鄭翁歸梁家亦有孔翁歸又有顧翁寵晉代有許思妣孟少孤如此名字幸當避之今人避諱更急於古名子者當為孫地吾親識中有諱襄諱友諱同諱清諱和諱禹交疏造次一座百犯聞者辛苦無憀賴焉昔司馬長卿慕藺相如故名相如顧元歎慕蔡邕故名雍而後漢有朱張字孫卿許暹字顔回梁世有庾晏嬰祖孫登連古人姓為名字亦鄙事也昔劉文饒不忍

罵奴為畜產今世愚人遂以相戲或有指名為豚犢者有識傍觀猶欲掩耳況名之者乎近在議曹共平章百官秩祿有一顯貴當世名臣意嫌所議過厚齊朝有一兩士族文學之人謂此貴曰今日天下大同須為百代典式豈得尚作關中舊意乎明公定是陶朱公大兒耳彼此歡笑不以為嫌　昔侯霸之子孫稱其祖父曰家公陳思王稱其父為家父母為家母潘尼稱其祖曰家祖古人之所行今人之所笑也及南北風俗言其祖及

二親無云家者田里猥人方有此言耳凡與人言言已世父以次第稱之不云家者以尊於父不敢家也凡言姑姊妹女子子已嫁則以夫氏稱之在室則以次第稱之言禮成他族不得云家也子孫不得稱家者輕略之也蔡邕書集呼其姑女為家姑家姊班固書集亦云家孫今竝不行也凡與人言稱彼祖父母世父母父母及長姑皆加尊字自叔父已下則加賢字尊卑之差也王羲之書稱彼之母與自稱已母同不云尊字今所非也

南人冬至歲首不詣喪家若不修書則過節束帶以申慰北人至歲之日重行弔禮禮無明文則吾不取南人賓至不迎相見捧手而不揖送客下席而已北人迎送竝至門相見則揖古之道也吾善其迎揖　昔者王侯自稱孤寡不穀自茲以降雖孔子聖師與門人言皆稱名也後雖有臣僕之稱行者蓋亦寡焉江南輕重各有謂號具諸書儀北人多稱名者乃古之遺風吾善其稱名焉　言及先人理當感慕古者之所易今人之所難

江南事不獲已乃陳文墨㦤㦤無言者須言閥閱必以文翰罕有面論者北人無何便爾話說及相訪問如此之事不可加於人也人加諸已則當避之名位未高如為勲貴所逼隱忍方便速報取了勿取煩重感辱祖父若沒言須及者則斂容肅坐稱大門中世父叔父則稱從兄弟門中兄弟則稱亡者子某門中各以其尊卑輕重為容色之節皆變於常若與君言雖變於色猶云亡祖亡伯亡叔也吾見名士亦有呼其亡兄弟為兄子弟

子門中者亦未爲安貼也北土都不行此太山羊侃梁初入南吾近至鄴其兄子肅訪侃委曲吾答之云卿從門中在梁如此如此肅曰是我親第七亡叔非從也祖孝徵在坐先知江南風俗乃謂之云賢從弟門中何故不解古人皆呼伯父叔父而今世多單呼伯叔從兄弟姊妹已孤而對其前呼其母爲伯叔母此不可避者也兄弟之子已孤與他人言對孤者前呼爲兄子弟子頗爲不忍北土多呼爲姪案爾雅喪服經左傳姪名雖通

男女竝是對姑立稱晉世已來始呼叔姪今呼為姪於理為勝也別易會難古人所重江南餞送下泣言離有王子侯梁武帝弟出為東郡與武帝别帝曰我年已老與汝分張甚心惻愴數行淚下侯遂密雲赧然而出坐此被責飄颻舟渚一百許日卒不得去北間風俗不屑此事歧路言離歡笑分首然人性自有少涕淚者腸雖欲絶目猶爛然如此之人不可強責　凡親屬名稱皆須粉墨不可濫也無風教者其父已孤呼外祖父母與

祖父母同使人為其不喜聞也雖質於面皆當加外以别之父母之世叔父皆當加其次第以别之父母之世叔母皆當加其姓以别之父母之羣從世叔父母及從祖父母皆當加其爵位若姓以别之河北士人皆呼外祖父母為家公家母江南田里閒亦言之以家代外非吾所識凡宗親世數有從父有從祖有族祖江南風俗自茲已往高秩者通呼為尊同昭穆者雖百世猶稱兄弟若對他人稱之皆云族人河北士人雖三二十世猶

呼為從伯從叔梁武帝嘗問一中土人曰卿北人何故不知有族荅云骨肉易疎不忍言族耳當時雖為敏對於禮未通吾嘗問周弘讓曰父母中外姊妹何以稱之周曰亦呼為丈人自古未見丈人之稱施於婦人也吾親表所行若父屬者為某姓姑母屬者為某姓姨中外丈人之婦猥俗呼為丈母士大夫謂之王母謝母云而陸機集有與長沙顧母書乃其從叔母也今所不行齊朝士子皆呼祖僕射為祖公全不嫌有所涉也乃有

對面以相戲者　古者名以正體字以表德名終則諱之字乃可以為孫氏孔子弟子記事者皆稱仲尼呂后微時嘗字高祖為季至漢爰種字其叔父曰絲王丹與侯霸子語字霸為君房江南至今不諱字也河北士人全不辨之名亦呼為字字固因呼為字尚書王元之兄弟皆號名人其父名雲字羅漢一皆諱之其餘不足怪也

禮間傳云斬縗之哭若往而不反齊縗之哭若往而反大功之哭三哭而哀小功緦麻哀容可也此哀之

發於聲音也孝經云哭不哀皆論哭有輕重質文之聲也禮以哭有言者為號然則哭亦有辭也江南喪哭時有哀訴之言耳山東重喪則唯呼蒼天朞功以下則唯呼痛深便是號而不哭　江南凡遭重喪若相知者同在城邑三日不弔則絶之除喪雖相遇則避之怨其不已憫也有故及道遥者致書可也無書亦如之北俗則不爾江南凡弔者主人之外不識者不執手識輕服而不識主人則不於會所而弔他日脩名詣其家　陰陽

說云辰為水墓又為土墓故不得哭王充論衡云辰日不哭哭則重喪今無教者辰日有喪不問輕重舉家清謐不敢發聲以辭弔客道書又曰晦歌朔哭皆當有罪天奪之筭喪家朔望哀感彌深寧當惜壽又不哭也亦不論 偏傍之書死有歸殺子孫逃竄莫肯在家畫瓦書符作諸厭勝喪出之日門前然火戶外列灰祓送家鬼章斷注連凡如此比不近有情乃儒雅之罪人彈議所當加也 已孤而履歲及長至之節無父拜母祖父

母世叔父母姑兄姊則皆泣無母拜父外祖父母舅姨兄姊亦如之此人情也　江左朝臣子孫初釋服朝見二宫皆當泣涕二宫為之改容頗有膚色充澤無哀感者梁武薄其為人多被抑退裴政出服問訊武帝貶瘦枯槁涕泗滂沱武帝目送之曰裴之禮不死也　二親既殁所居齋寢子與婦弗忍入焉北朝頓丘李構母劉氏夫人亡後所住之堂終身鏁閉弗忍開入也夫人宋廣州刺史纂之孫女故構猶染江南風教其父奬為揚州

刺史鎮壽春遇害構嘗與王松年祖孝徵數人同集談讌孝徵善畫遇有紙筆圖寫為人頃之因割鹿尾戲截畫人以示構而無他意構愴然動色便起就馬而去舉坐驚駭莫測其情祖君尋悟方深反側當時罕有能感此者吳郡陸襄父閑被刑襄終身布衣蔬飯雖薑菜有切割皆不忍食居家唯以掐摘供廚江陵姚子篤母以燒死終身不忍噉炙豫章熊康父以醉而為奴所殺終身不復嘗酒然禮緣人情恩由義斷親以噎死亦當

不可絕食　禮經父之遺書母之杯圈感其手口之澤不忍讀用政為常所講習讎校繕寫及偏加服用有迹可思者耳若尋常墳典為生什物安可悉廢之乎既不讀用無容散逸唯當緘保以留後世耳思魯等第四舅母親吳郡張建女也有第五妹三歲喪母靈牀上屏風平生舊物屋漏沾濕出曝曬之女子一見伏牀流涕家人恠其不起乃往抱持薦席淹漬精神傷怛不能飲食將以問醫醫診脉云腸斷矣因爾便吐血數日而亡中

外憐之莫不悲歎　禮云忌日不樂正以感慕罔極惻愴無聊故不接外賓不理衆務耳必能悲慘自居何限於深藏也世人或端坐奧室不妨言笑盛營甘美厚供齋食迫有急卒密戚至交盡無相見之理蓋不知禮意乎魏世王修母以社日亡來歲社日修感念哀甚隣里聞之為之罷社今二親喪亡偶值伏臘分至之節及月小晦後忌之外所經此日猶應感慕異於餘辰不預飲讌聞聲樂及行遊也　劉縚緩綏兄弟並為名器其父名

昭一生不為照字唯依爾雅火傍作召耳然凡文與正諱相犯當自可避其有同音異字不可悉然劉字之下即有昭音呂尚之兒如不為上趙壹之子儻不作一便是下筆即妨是書皆觸也嘗有甲設讌席請乙為賓而旦於公庭見乙之子問之曰尊侯早晚顧宅乙子稱其父已往時以為笑如此比例觸類慎之不可陷於輕脫

江南風俗兒生一朞為製新衣盥浴裝飾男則用弓矢紙筆女則刀尺鍼縷竝加飲食之物及珍寶服玩置

之兒前觀其發意所取以驗貪廉愚智名之為試兒親表聚集致讌享焉自兹已後二親若在每至此日嘗有酒食之事耳無教之徒雖已孤露其日皆為供頓酣暢聲樂不知有所感傷梁孝元年少之時每八月六日載誕之辰常設齋講自阮修容薨殁之後此事亦絶　人有憂疾則呼天地父母自古而然今世諱避觸途急切而江東士庶痛則稱禰禰是父之廟號父在無容稱廟父殁何容輒呼蒼頡篇有倄下交切痛聲也字訓詁云痛而謼

也（諱人故反）音羽罪反今北人痛則呼之聲類音于耒反今南人痛或呼之此二音隨其鄉俗竝可行也　梁世被繫劾者子孫弟姪皆詣闕三日露跣陳謝子孫有官自陳解職子則草屩粗衣蓬頭垢面周章道路要候執事叩頭流血申訴寃枉若配徒隷諸子竝立草菴於所署門不敢寧宅動經旬日官司驅遣然後始退江南諸憲司彈人事事雖不重而以教義見辱者或被輕繫而身死獄戶者皆為怨讐子孫三世不交通矣劉洽為御史

中丞初欲彈劉孝綽其兄溉先與劉善苦諫不得乃詣劉涕泣告别而去 兵凶戰危非安全之道古者天子喪服以臨師將軍鑿凶門而出父祖伯叔若在軍陣貶損自居不宜奏樂讌會及婚冠吉慶事也若居圍城之中憔悴容色除去飾玩常為臨深履薄之狀焉 父母疾篤醫雖賤雖少則涕泣而拜之以求哀也梁孝元在江州嘗有不豫世子方等親拜中兵參軍李猷 四海之人結為兄弟亦何容易必有志均義敵令終如始者方

可議之一爾之後命子拜伏呼為丈人申父友之敬身事彼親亦宜加禮比見北人甚輕此節行路相逢便定昆季望年觀貌不擇是非至有結父為兄託子為弟者

昔者周公一沐三握髮一飯三吐飱以接白屋之士一日所見七十餘人晉文公以沐辭竪頭須致有圖反之誚門不停賓古所貴也失教之家閽寺無禮或以主君寢食嗔怒拒客未通江南深以為恥黄門侍郎裴之禮號善為士大夫有如此輩對賓杖之其門生僮僕接

於他人折旋俯仰辭色應對莫不肅敬與主無別也

慕賢篇第七

古人云千載一聖猶旦暮也五百年一賢猶比髆也言聖賢之難得疏闊如此儻遭不世明達君子安可不攀附景仰之乎吾生於亂世長於戎馬流離播越聞見已多所值名賢未嘗不心醉魂迷向慕之也人在少年神情未定所與款狎熏漬陶染言笑舉動無心於學潛移暗化自然似之何況操履藝能較明易習者也是以與

善人居如入芝蘭之室久而自芳也與惡人居如入鮑魚之肆久而自臭也墨翟悲於染絲是之謂矣君子必慎交遊焉孔子曰無友不如已者顏閔之徒何可世得但優於我便足貴之世人多蔽貴耳賤目重遥輕近少長周旋如有賢哲每相狎侮不加禮敬他鄉異縣微藉風聲延頸企踵甚於饑渴校長短覈精麤或能彼不能此矣所以魯人謂孔子為東家某昔虞國宮之奇少長於君君狎之不納其諫以至亡國不可不留心也用其

言棄其身古人所恥凡有一言一行取於人者皆顯稱之不可竊人之美以為己力雖輕雖賤者必歸功焉竊人之財刑辟之所處竊人之美鬼神之所責梁孝元前在荆州有丁覘者洪亭民耳頗善屬文殊工草隸孝元書記一皆使之軍府輕賤多未之重恥令子弟以為楷法時云丁君十紙不敵王褒數字吾雅愛其手迹常所寶持孝元嘗遣典籤惠編送文章示蕭祭酒祭酒問云君王比賜書翰及寫詩筆殊為佳手姓名為誰那得都

無聲問編以實荅子雲歎曰此人後生無比遂不為世所稱亦是奇事於是聞者少復刮目稍仕至尚書儀曹郎末為晉安王侍讀隨王東下及西臺陷歿簡牘湮散丁亦尋卒於揚州前所輕者後思一紙不可得矣侯景初入建業臺門雖閉公私草擾各不自全太子左衛率羊侃坐東掖門部分經畧一宿皆辦遂得百餘日抗拒兇逆于時城内四萬許人王公朝士不下一百便是恃侃一人安之其相去如此古人云巢父許由讓於天下

市道小人争一錢之利亦已懸矣　齊文宣帝即位數年便沈湎縱恣畧無綱紀尚能委政尚書令楊遵彥內外清謐朝野晏如各得其所物無異議終天保之朝遵彥後為孝昭所戮刑政於是衰矣斛律明月齊朝折衝之臣無罪被誅將士解體周人始有吞齊之志關中至今譽之此人用兵豈止萬夫之望而已也國之存亡係其生死　張延雋之為晉州行臺左丞匡維主將鎮撫疆埸儲積器用愛活黎民隱若敵國矣羣小不得行志

同力遷之既代之後公私擾亂周師一舉此鎮先平齊亡之迹啓於是矣

勉學篇第八

自古明王聖帝猶須勤學況凡庶乎此事遍於經史吾亦不能鄭重聊舉近世切要以啟寤汝耳士大夫子弟數歲已上莫不被教多者或至禮傳少者不失詩論及至冠婚體性稍定因此天機倍須訓誘有志尚者遂能磨礪以就素業無履立者自兹墮慢便為凡人人生在

世會當有業農民則計量耕稼商賈則計論貨賄工巧則致精器用伎藝則深思法術武夫則慣習弓馬文士則講議經書多見士大夫恥涉農商羞務工伎射既不能穿札筆則纔記姓名飽食醉酒忽忽無事以此銷日以此終年或因家世餘緒得一階半級便謂為足安能自苦及有吉凶大事議論得失蒙然張口如坐雲霧公私宴集談古賦詩塞默低頭欠伸而已有識傍觀代其入地何惜數年勤學長受一生愧辱哉梁朝全盛之時

貴遊子弟多無學術至於諺云上車不落則著作體中何如則秘書無不燻衣剃面傳粉施朱駕長簷車跟高齒屐坐棊子方褥憑斑絲隱囊列器玩於左右從容出入望若神仙明經求第則雇人荅策三九公讌則假手賦詩當爾之時亦快士也及離亂之後朝市遷革銓衡選舉非復曩者之親當路秉權不見昔時之黨求諸身而無所得施之世而無所用披褐而喪珠失皮而露質兀若枯木泊若窮流孤獨戎馬之間轉死溝壑之際

當爾之時誠駑材也有學藝者觸地而安自荒亂已來諸見俘虜雖百世小人知讀論語孝經者尚為人師雖千載冠冕不曉書記者莫不耕田養馬以此觀之安可不自勉耶若能常保數百卷書千載終不為小人也夫明六經之指涉百家之書縱不能增益德行敦厲風俗猶為一藝得以自資父兄不可常依鄉國不可常保一旦流離無人庇廕當自求諸身耳諺曰積財千萬不如薄伎在身伎之易習而可貴者無過讀書也世人不問

愚智皆欲識人之多見事之廣而不肯讀書是猶求飽而懶營饌欲暖而惰裁衣也夫讀書之人自羲農已來宇宙之下凡識幾人凡見幾事生民之成敗好惡固不足論天地所不能藏鬼神所不能隱也有客難主人曰吾見强弩長戟誅罪安民以取公侯者有矣文義習吏匡時富國以取卿相者有矣學備古今才兼文武身無祿位妻子饑寒者不可勝數安足貴學乎主人對曰夫命之窮達猶金玉木石也脩以學藝猶磨瑩雕刻也金玉

之磨瑩自美其鑛璞木石之段塊自醜其雕刻安可言木石之雕刻乃勝金玉之鑛璞哉不得以有學之貧賤比於無學之富貴也且負甲為兵咋筆為吏身死名滅者如牛毛角立傑出者如芝草握素披黃吟道詠德苦辛無益者如日蝕逸樂名利者如秋荼豈得同年而語矣且又聞之生而知之者上學而知之者次所以學者欲其多智明達耳必有天才拔羣出類為將則闇與孫武吳起同術執政則懸得管仲子產之教雖未讀書吾

亦謂之學矣今子即不能然不師古之蹤跡猶蒙被而卧耳人見隣里親戚有佳快者使子弟慕而學之不知使學古人何其蔽也哉世人但知跨馬被甲長矟强弓便云我能為將不知明乎天道辨乎地利比量逆順鑒達興亡之妙也但知承上接下積財聚穀便云我能為相不知敬鬼事神移風易俗調節陰陽薦舉賢聖之至也但知私財不入公事夙辦便云我能治民不知誠已刑物執轡如組反風滅火化鴟為鳳之術也但知抱令守

律早刑晚舍便云我能平獄不知同轅觀罪分劒追財假言而奸露不問而情得之察也爰及農商工賈廝役奴隸釣魚屠肉飯牛牧羊皆有先達可為師表博學求之無不利於事也夫所以讀書學問本欲開心明目利於行耳未知養親者欲其觀古人之先意承顔怡聲下氣不憚劬勞以致甘腝惕然慙懼起而行之也未知事君者欲其觀古人之守職無侵見危授命不忘誠諫以利社稷惻然自念思欲效之也素驕奢者欲其觀古人

之恭儉節用卑以自牧禮為教本敬者身基瞿然自失斂容抑志也素鄙吝者欲其觀古人之貴義輕財少私寡慾忌盈惡滿賙窮卹匱赧然悔恥積而能散也素暴悍者欲其觀古人之小心黜己齒弊舌存含垢藏疾尊賢容衆薾然沮喪若不勝衣也素怯懦者欲觀古人之達生委命强毅正直立言必信求福不回勃然奮厲不可恐懾也歷茲以往百行皆然縱不能淳去泰去甚學之所知施無不達世人讀書者但能言之不能行之

忠孝無聞仁義不足加以斷一條訟不必得其理宰千戸縣不必理其民問其造屋不必知楣横而梲豎也問其為田不必知稷早而黍遲也吟嘯談謔諷詠辭賦事既優閑材增迂誕軍國經綸略無施用故為武人俗吏所共嗤詆良由是乎夫學者所以求益爾見人讀數十卷書便自高大淩忽長者輕慢同列人疾之如讎敵惡之如鴟梟如此以學自損不如無學也古之學者為己以補不足也今之學者為人但能說之也古之學者為

人行道以利世也今之學者為己脩身以求進也夫學者猶種樹也春玩其華秋登其實講論文章春華也脩身利行秋實也人生小幼精神專利長成已後思慮散逸固須早教勿失機也吾七歲時誦靈光殿賦至于今日十年一理猶不遺忘二十之外所誦經書一月廢置便至荒蕪矣然人有坎壈失於盛年猶當晚學不可自棄孔子云五十以學易可以無大過矣魏武袁遺老而彌篤此皆少學而至老不倦也曾子七十乃學名聞天

下荀卿五十始來遊學猶爲碩儒公孫弘四十餘方讀春秋以此遂登丞相朱雲亦四十始學易論語皇甫謐二十始授孝經論語皆終成大儒此並早迷而晚寤也世人婚冠未學便稱遲暮因循面墻亦爲愚爾幼而學者如日出之光老而學者如秉燭夜行猶賢乎瞑目而無見者也學之興廢隨世輕重漢時賢俊皆以一經弘聖人之道上明天時下該人事用此致卿相者多矣末俗已來不復爾空守章句但誦師言施之世務殆無一

可故士大夫子弟皆以博涉為貴不肯專儒梁朝皇孫已下總丱之年必先入學觀其志尚出身已後便從文吏略無卒業者冠冕為此者則有何胤劉瓛明山賓周捨朱异周弘正賀琛賀革蕭子政劉縚等兼通文史不徒講說也洛陽亦聞崔浩張偉劉芳鄴下又見邢子才四儒者雖好經術亦以才博擅名如此諸賢故為上品以外率多田里閒人音辭鄙陋風操蚩拙相與專固無所堪能問一言輒酬數百責其指歸或無要會鄴下諺

云博士買驢書劵三紙未有驢字使汝以此為師令人氣塞孔子曰學也祿在其中矣今勤無益之事恐非業也夫聖人之書所以設教但明練經文粗通注義常使言行有得亦足為人何必仲尼居即須兩紙䟽義燕寢講堂亦復何在以此得勝寧有益乎光陰可惜譬諸逝水當博覽機要以濟功業必能兼美吾無間焉俗間儒士不涉羣書經緯之外義䟽而已吾初入鄴與博陵崔文彦交遊嘗說王粲集中難鄭玄尚書事崔轉為諸儒

道之始將發口懸見排蹙云文集止有詩賦銘誄豈當論經書事乎且先儒之中未聞有王粲也崔笑而退竟不以粲集示之魏收之在議曹與諸博士議宗廟事引據漢書博士笑曰未聞漢書得證經術魏便忿怒都不復言取韋玄成傳擲之而起博士一夜共披尋之達明乃來謝曰不謂玄成如此學也　夫老莊之書蓋全真養性不肎以物累已也故藏名柱史終蹈流沙匿跡漆園卒辭楚相此任縱之徒耳何晏王弼祖述玄宗遞相

誇尚景附草靡皆以農黃之化在乎己身周孔之業棄之度外而平叔以黨曹爽見誅觸死權之網也輔嗣以多笑人被疾陷好勝之穽也山巨源以蓄積取譏背多藏厚亡之文也夏侯玄以才望被戮無支離擁腫之鑒也荀奉倩喪妻神傷而卒非鼓缶之情也王夷甫悼子悲不自勝異東門之達也嵇叔夜排俗取禍豈和光同塵之流也郭子玄以傾動權勢寧後身外己之風也阮嗣宗沈酒荒迷乖畏途相誡之譬也謝幼輿贓賄黜削

違棄其餘魚之旨也彼諸人者並其領袖玄宗所歸其餘桎梏塵滓之中顛仆名利之下者豈可備言乎直取其清談雅論剖玄析微賓主往復娛心悅耳非濟世成俗之要也洎于梁世茲風復闡莊老周易總謂三玄武皇簡文躬自講論周弘正奉贊大猷化行都邑學徒千餘實為盛美元帝在江荊間復所愛習召置學生親為教授廢寢忘食以夜繼朝至乃倦劇愁憤輒以講自釋吾時頗預末筵親承音指性既頑魯亦所不好云齊

孝昭帝侍婁太后疾容色顦顇服膳減損徐之才為灸兩穴帝握拳代痛爪入掌心血流滿手后既痊愈帝尋疾崩遺詔恨不見太后山陵之事其天性至孝如彼不識忌諱如此良由無學所為若見古人之譏欲母早死而悲哭之則不發此言也孝為百行之首猶須學以修飾之況餘事乎　梁元帝嘗為吾說昔在會稽年始十二便已好學時又患疥手不得拳膝不得屈閉齋張葛幃避蠅獨坐銀甌貯山陰甜酒時復進之以自寬痛率

意自讀史書一日二十卷既未師受或不識一字或不解一語要自重之不知厭倦帝子之尊童稚之逸尚能如此況其庶士冀以自達者哉古人勤學有握錐投斧照雪聚螢鋤則帶經牧則編簡亦為勤篤梁世彭城劉綺交州刺史勃之孫早孤家貧燈燭難辦常買荻尺寸折之燃明夜讀孝元初出會稽精選寮寀綺以才華為國常侍兼記室殊蒙禮遇終於金紫光禄義陽朱詹世居江陵後出揚都好學家貧無資累日不爨乃時吞紙

以實腹寒無氈被抱犬而臥犬亦饑虛起行盜食呼之不至哀聲動鄰猶不廢業卒成學士官至鎮南録事叅軍為孝元所禮此乃不可為之事亦是勤學之一人東莞臧逄世年二十餘欲讀班固漢書苦假借不久乃就姊夫劉緩乞丐客刺書翰紙末手寫一本軍府服其志尚卒以漢書聞齊有宦者内叅田鵬鸞本蠻人也年十四五初為閽寺便知好學懷袖握書曉夕諷誦所居卑末使役苦辛時伺閒隙周章詢請每坐文林館氣喘汗

流問書之外不暇他語及覩古人節義之事未嘗不感激沈吟久之吾甚憐愛倍加開獎後被賞遇賜名敬宣位至侍中開府後主之奔青州遣其西出叅伺動静為周軍所獲問齊王何在紿云已去計當出境疑其不信歐捶服之每折一支辭色愈厲竟斷四體而卒蠻夷童丱猶能以學成忠齊之將相比敬宣之奴不若也　鄴平之後見徙入關思魯嘗謂吾曰朝無禄位家無積財當肆筋力以申供養每被課篤勤勞經史未知為子可

得安乎吾命之曰子當以養為心父當以學為教使汝棄學徇財豐吾衣食食之安得甘衣之安得暖若務先王之道紹家世之業藜羹縕褐我自欲之　書曰好問則裕禮云獨學而無友則孤陋而寡聞蓋須切磋相起明也見有閉門讀書師心自是稠人廣坐謬誤羞慚者多矣穀梁傳稱公子友與莒挐相搏左右呼曰孟勞孟勞者魯之寶刀名亦見廣雅近在齊時有姜仲岳謂公子左右姓孟名勞多力之人為國所寶與吾苦諍時清

河郡守邢峙當世碩儒助吾證之赧然而伏又三輔决
録云靈帝殿柱題曰堂堂乎張京兆田郎葢引論語偶
以四言目京兆人田鳳也有一才士乃言時張京兆及
田郎二人皆堂堂耳聞吾此說初大驚駭其後尋愧悔
焉江南有一權貴讀誤本蜀都賦注解蹲鴟芋也乃為
羊字人饋羊肉答書云捐惠蹲鴟舉朝驚駭不解事義
乆後尋迹方知如此元氏之世在洛京時有一才學重
臣新得史記音而頗紕繆誤反顊頊字頊當為許録反

錯作許緣反遂一一謂言從來謬音專旭當音專翾耳此人先有高名翕然信行朞年之後更有碩儒苦相究討方知誤焉漢書王莽贊云紫色蠅聲餘分閏位謂以偽亂真爾昔吾嘗共人談書言及王莽形狀有一俊士自許史學名價甚高乃云王莽非直鴟目虎吻亦紫色蛙聲又禮樂志云給太官挏馬酒李奇注以馬乳為酒也揰挏乃成二字並從手揰都統反挏達孔反此謂撞擣挺挏之今為酪酒亦然向學士又以為種桐時太官釀馬

酒乃熟其孤陋遂至於此太山羊肅亦稱學問讀潘岳賦周文弱枝之棗為杖策之杖世本容成造歷以歷為碓磨之磨談說製文援引古昔必須眼學勿信耳受江南閭里間士大夫或不學問羞為鄙朴道聽塗說强事飾辭呼徵質為周鄭謂霍亂為博陸上荆州必稱峽西下揚都言去海郡言食則餬口道錢則孔方問移則楚丘論婚則宴爾及王則無不仲宣語劉則無不公幹凡有一二百件傳相祖述尋問莫知源由施安時復失所

莊生有乘時鵲起之說故謝脁詩曰鵲起登吳臺吾有一親表作七夕詩云今夜吳臺鵲亦共往填河羅浮山記云望平地樹如薺故戴暠詩云長安樹如薺又鄴下有一人詠樹詩云遥望長安薺又嘗見謂矜誕為夸毗呼高年為富有春秋皆耳學之過也夫文字者墳籍根本世之學徒多不曉字讀五經者是徐邈而非許慎習賦誦者信褚詮而忽呂忱明史記者專皮鄒而廢篆籀學漢書者悅應蘇而略蒼雅不如書音是其枝葉小學

乃其宗系至見服虔張揖音義則貴之得通俗廣雅而
不屑一手之中向背如此況異代各人乎世人皆以通俗文為服虔
造未知非服虔而輕之猶謂是服虔而輕之故此論從俗也夫學者貴能博聞也
郡國山川官位姓族衣服飲食器皿制度皆欲根尋得
其原本至於文字忽不經懷已身姓名多或乖舛縱得
不誤亦未知所由近世有人為子制名兄弟皆山傍立
字而有名峙者兄弟皆木傍立字而有名機者兄弟皆
水傍立字而有名凝者名儒碩學此例甚多若有知吾

鍾之不調一何可笑吾嘗從齊王幸并州自井陘關入上艾縣東數十里有獵閭村後百官受馬糧在晉陽東百餘里亢仇城側並不識二所本是何地博求古今皆未能曉及檢字林韻集乃知獵閭是舊𧮰餘聚（𧮰音獵也）亢仇舊是鏝鈗亭（上音武安反下音仇）悉屬上艾時太原王劭欲撰鄉邑記注因此二名聞之大喜吾初讀莊子螅二首韓非子曰虫有螅者一身兩口爭食相齕遂相殺也茫然不識此字何音逢人輒問了無解者案爾雅諸書蠶蛹

名螝（音潰）又非二首兩口貪害之物後見古今字詁此亦古之虺字積年凝滯豁然霧解嘗遊趙州見栢人城北有一小水土人亦不知名後讀城西門徐整碑云洦流東指衆皆不識吾案說文此字古魄字也洦淺水貌此水漢來本無名矣直以淺貌目之或當即以洦為名乎世中書翰多稱勿勿相承如此不知所由或有妄言此忽忽之殘缺耳案說文勿者州里所建之旗也象其柄及三遊之形所以趣民事故悤遽者稱為勿勿吾在益

州與數人同坐初晴日明見地上小光問左右此是何
物有一蜀豎就視荅云是豆逼耳相顧愕然不知所謂
命將取來乃小豆也窮訪蜀土呼粒為逼時莫之解吾
云三蒼說文此字白下為匕皆訓粒通俗文音方力反
衆皆歡悟愍楚友壻竇如同從河州來得一青鳥馴養
愛翫舉俗呼之為鶡吾曰鶡出上黨數曾見之色竝黃
黑無駁雜也故陳思王鶡賦云揚玄黃之勁羽試檢說
文鳻音分雀似鶡而青出羌中韻集音分此疑頓釋梁世

有蔡朗諱純既不涉學遂呼蕣為露葵面牆之徒遞相倣傚承聖中遣一士大夫聘齊齊主客郎李恕問梁使曰江南有露葵否答曰露葵是蕣水鄉所出卿今食者緑葵菜耳李亦學問但不測彼之深淺乍聞無以覆究思魯等姨夫彭城劉靈嘗與吾坐諸子侍焉吾問儒行敏行曰凡字與諮議名同音者其數多少能盡識乎答曰未之究也請導示之吾曰凡如此例不預研檢忽見不識誤以問人反為無頼所欺不容易也因為說之得五

十許字諸劉歎曰不意乃爾若遂不知亦為異事校定書籍亦何容易自揚雄劉向方稱此職耳觀天下書未偏不得妄下雌黃或彼以為非此以為是或本同末異或兩文皆欠不可偏信一隅也

文章篇第九

夫文章者原出五經詔命策檄生於書者也序述論議生於易者也歌詠賦頌生於詩者也祭祀哀誄生於禮者也書奏箴銘生於春秋者也朝廷憲章軍旅誓誥敷

顯仁義發明功德牧民建國施用多途至於陶冶性靈從容諷諫入其滋味亦樂事也行有餘力則可習之然而自古文人多陷輕薄屈原露才揚己顯暴君過宋玉體貌容冶見遇俳優東方曼倩滑稽不雅司馬長卿竊貲無操王褒過章童約揚雄德敗美新李陵降辱邊庭劉歆反覆莽世傅毅黨附權門班固盜竊父史趙元叔抗竦過度馮敬通浮華擯壓馬季長佞媚獲誚蔡伯喈同惡受誅吳質詆訶鄉里曹植悖慢犯法杜篤乞假無

厭路粹隘狹已甚陳琳實號麤疎繁欽性無檢格劉楨屈强輸作王粲率躁見嫌孔融禰衡誕傲致殞楊修丁廙扇動取斃阮籍無禮敗俗嵇康凌物凶終傅玄忿鬭免官孫楚矜誇凌上陸機犯順履險潘岳乾沒取危顏延年負氣摧黜謝靈運空疎亂紀王元長凶賊自貽謝玄暉侮慢見及凡此諸人皆其翹秀者不能悉紀大較如此至于帝王亦或未免自昔天子而有才華者唯漢武魏太祖文帝明帝宋孝武帝皆負世議非懿德之君

也自子游子夏荀況孟子枚乘賈誼蘇武張衡左思之儔有盛名而免過患者時復聞之但其損敗居多耳每嘗思之原其所積文章之體摽舉興會發引性靈使人矜伐故忽於持操果於進取今世文士此患彌切一事愜當一句清巧神厲九霄志凌千載自吟自賞不覺更有傍人加以砂礫所傷慘於矛戟諷刺之禍速乎風塵深宜防慮以保元吉　學問有利鈍文章有巧拙鈍學累功不妨精熟拙文研思終歸蚩鄙但成學士自足為

人必乏天才勿強操筆吾見世人至無才思自謂清華流布醜拙亦以衆矣江南號為詅力正反癡符近在并州有一士族好為可笑詩賦誂擎邢魏諸公衆共嘲弄虛相讚說便擊牛釃酒招延聲譽其妻明鑒婦人也泣而諫之此人歎曰才華不為妻子所容何況行路至死不覺自見之謂明此誠難也學為文章先謀親友得其評論者然後出手慎勿師心自任取笑旁人也自古執筆為文者何可勝言然至於宏麗精華不過數十篇

耳但使不失體裁辭意可觀遂稱才士要須動俗蓋世亦俟河之清乎　不屈二姓夷齊之節也何事非君伊箕之義也自春秋已來家有犇亡國有吞滅君臣固無常分矣然而君子之交絕無惡聲一旦屈膝而事人豈以存亡而改慮陳孔璋居袁裁書則呼操為豺狼在魏製檄則目紹為虵虺在時君所命不得自專然亦文人之巨患也當務從容消息之　或問揚雄曰吾子少而好賦雄曰然童子彫蟲篆刻壯夫不為也余竊非之曰

虞舜歌南風之詩周公作鴟鴞之詠吉甫史克雅頌之美者未聞皆在幼年累德也孔子曰不學詩無以言自衛返魯樂正雅頌各得其所大明孝道引詩證之揚雄安敢忽之也若論詩人之賦麗以則辭人之賦麗以淫但知變之而已又未知雄自為壯夫何如也著劇秦美新妄投於閣周章怖慴不達天命童子之為耳桓譚以勝老子葛洪以方仲尼使人歎息此人直以曉算術解陰陽故著太玄經為數子所惑耳其遺言餘行孫卿屈

原之不及安敢望大聖之清塵且太玄今竟何用乎不啻覆醬瓿而已　齊世有辛毗者清幹之士官至行臺尚書嗤鄙文學嘲劉逖云君輩辭藻譬若朝菌須臾之翫非宏才也豈比吾徒十丈松樹常有風霜不可凋悴矣劉應之曰既有寒木又發春華何如也辛笑曰可矣

凡為文章猶人乘騏驥雖有逸氣當以銜勒制之勿使流亂軌躅放意填坑岸也文章當以理致為心腎氣調為筋骨事義為皮膚華麗為冠冕今世相承趨末棄本

率多浮艷辭與理競辭勝而理伏事與才爭事繁而才損放逸者流宕而忘歸穿鑿者補綴而不足時俗如此安能獨違但務去泰去甚耳必有盛才重譽改革體裁者實吾所希古人之文宏材逸氣體度風格去今實遠但緝綴疎朴未爲密緻耳今世音律諧靡章句偶對諱避精詳賢於往昔多矣宜以古之製裁爲本今之辭調爲末並須兩存不可偏棄也　吾家世文章甚爲典正不從流俗梁孝元在蕃邸時撰西府新文記無一篇

見録者亦以不偶於世無鄭衛之音故也有詩賦銘誄書表啓疏二十卷吾兄弟始在草土並未得編次便遭火盪盡竟不傳於世銜酷茹恨徹於心髓操行見於梁史文士傳及孝元懷舊志

沈隱侯曰文章當從三易易見事一也易識字二也易讀誦三也邢子才常曰沈侯文章用事不使人覺若胸臆語也深以此服之祖孝徵亦嘗謂吾曰沈詩云崖傾護石髓此豈似用事耶邢子才魏收俱有重名時俗準的以為師匠邢賞服沈約

而輕任昉魏愛慕任昉而毀沈約每於談讌辭色以之鄴下紛紜各有朋黨祖孝徵嘗謂吾曰任沈之是非乃邢魏之優劣也　吳均集有破鏡賦昔者邑號朝歌顔淵不舍里名勝母曾參斂襟蓋忌夫惡名之傷實也破鏡乃凶逆之獸事見漢書為文幸避此名也比世往往見有和人詩者題云敬同孝經云資於事父以事君而敬同不可輕言也梁世費旭詩云不知是耶非殷澐詩云颻颺雲母舟簡文曰旭既不識其父澐又颻颺其母

此雖悉古事不可用也世人或有文章引詩伐鼓淵淵者宋書已有屢遊之誚如此流比幸須避之北面事親别舅擒渭陽之詠堂上養老送兄賦桓山之悲皆大失也舉此一隅觸塗宜慎　江南文制欲人彈射知有病累隨即改之陳王得之於丁廙也山東風俗不通擊難吾初入鄴遂嘗以此忤人至今為悔汝曹必無輕議也

凡代人為文皆作彼語理宜然矣至於哀傷凶禍之辭不可輙代蔡邕為胡金盈作母靈表頌曰悲母氏之

不永然委我而夙喪又為胡顥作其父銘曰葬我考議郎君袁三公頌曰猗歟我祖出自有嬀王粲為潘文則思親詩云躬此勞瘁鞠予小人庶我顯妣克保遐年而並載乎邕粲之集此例甚衆古人之所行今世以為諱陳思王武帝誄遂深永蟄之思潘岳悼亡賦乃愴手澤之遺是方父於蟲譬婦於考也蔡邕楊秉碑云統大麓之重潘尼贈盧景宣詩云九五思飛龍孫楚王驃騎誄云奄忽登遐陸機父誄云億兆宅心敦叙百揆姊誄云

俔天之和今為此言則朝廷之臯人也王粲贈楊德祖詩云我君餞之其樂洩洩不可妄施人子況儲君乎挽歌辭者或云古者虞殯之歌或云出自田横之客皆為生者悼往告哀之意陸平原多為死人自歎之言詩格既無此例又乖製作本意　凡詩人之作刺箴美頌各有源流未嘗混雜善惡同篇也陸機為齊謳篇前叙山川物産風教之盛後章忽鄙山川之情殊失厥體其為吴趨行何不陳子光夫差乎京洛行何不述赧王靈帝

乎自古宏才博學用事誤者有矣百家雜說或有不同書儻湮滅後人不見故未敢輕議之今指知決紕繆者略舉一兩端以為誡詩云有鷕雉鳴又曰雉鳴求其牡毛傳亦曰鷕雌雉聲又云雉之朝雊尚求其雌鄭玄注月令亦云雊雄雉鳴潘岳賦曰雉鷕鷕以朝雊是則混雜其雄雌矣詩云孔懷兄弟孔甚也懷思也言甚可思也陸機與長沙顧母書述從祖弟士璜死乃言痛心拔惱有如孔懷心既痛矣即為甚思何故言有如也觀

其此意當謂親兄弟為孔懷詩云父母孔邇而呼二親為孔邇於義通乎異物志云擁劒狀如蟹但一螯偏大爾何遜詩云躍魚如擁劒是不分魚蟹也漢書御史府中列栢樹常有野烏數千棲宿其上晨去暮來號朝夕烏而文士往往誤作烏鳶用之抱朴子說項曼都詐稱得仙自云仙人以流霞一杯與我飲之輙不饑渴而簡文詩云霞流抱朴椀亦猶郭象以惠施之辨為莊周言也後漢書因司徒崔烈以鋃鐺鏁上音狼下音當鋃鐺大鏁也

世間多誤作金銀字武烈太子亦是數千卷學士嘗作詩云銀鏁三公脚刀撞僕射頭為俗所誤　文章地理必須愜當梁簡文鴈門太守行乃云鵞軍攻日逐燕騎蕩康居大宛歸善馬小月送降書蕭子暉隴頭水云天寒隴水急散漫俱分瀉北注祖黃龍東流會白馬此亦明珠之纇美玉之瑕宜慎之　王籍入若耶溪詩云蟬噪林逾靜鳥鳴山更幽江南以為文外獨絕物無異議簡文吟詠不能忘之孝元諷咏以為不可復得至懷舊志

載於籍傳范陽盧詢鄴下才俊乃言此不成語何事於能魏收亦然其論詩云蕭蕭馬鳴悠悠旆旌毛傳曰言不諠譁也吾每歎此解有情致籍詩生於此意耳蘭陵蕭慤梁室上黃侯之子工於篇什嘗有秋詩云芙蓉露下落楊柳月中疏時人未之賞也吾愛其蕭散宛然在目潁川荀仲舉瑯琊諸葛漢亦以為爾而盧思道之徒雅所不愜　何遜詩實為清巧多形似之言揚都論者恨其每病苦辛饒貧寒氣不及劉孝綽之雍容也雖

然劉甚忌之平生誦何詩云遽居響北闕憘憘乎麥反不道車又撰詩苑止取何兩篇時人譏其不廣劉孝綽當時既有重名無所與讓唯服謝朓常以謝詩置几案間動靜輒諷味簡文愛陶淵明文亦復如此江南語曰梁有三何子朗最多三何者遜及思澄子朗也子朗信饒清巧思澄遊廬山每有佳篇並為冠絕

名實篇第十

名之與實猶形之與影也德藝周厚則名必善焉容色

姝麗則影必美焉今不脩身而求令名於世者猶貌甚惡而責妍影於鏡也上士忘名中士立名下士竊名忘名者體道合德享鬼神之福祐非所以求名也立名者修身慎行懼榮觀之不顯非所以讓名也竊名者厚貌深姦干浮華之虚稱非所以得名也　人足所履不過數寸然而咫尺之途必顛蹷於崖岸拱把之梁每沈溺於川谷者何哉為其傍無餘地故也君子之立已抑亦如之至誠之言人未能信至潔之行物或致疑皆由言

行聲名無餘地也吾每為人所毀常以此自責若能開方軌之路廣造舟之航則仲由之言信重於登壇之盟趙熹之降城賢於折衝之將矣　吾見世人清名登而金貝入信譽顯而然諾虧不知後之矛戟毀前之干櫓也宓子賤云誠於此者形於彼人之虛實真偽在乎心無不見乎迹但察之未熟耳一為察之所鑒巧偽不如拙誠承之以羞大矣伯石讓卿王莽辭政當于爾時自以巧密後人書之留傳萬代可為骨寒毛豎也近有大

貴孝弟著聲前後居喪哀毀踰制亦足以高於人矣而嘗於苫塊之中以巴豆塗臉遂使成瘡表哭泣之過左右童豎不能掩之益使外人謂其居處飲食皆為不信以一僞喪百誠者乃貪名不已故也有一士族讀書不過二三百卷天才鈍拙而家世殷厚雅自矜持多以酒犢珍玩交諸名士甘其餌者遞相吹噓朝廷以為文華亦嘗出境聘東萊王韓晉明篤好文學疑彼製作多非機杼遂設讌言面相討試竟日歡諧辭人滿席屬音賦

韻命筆為詩彼造次即成了非向韻衆客各自沈吟遂無覺者韓退歎曰果如所量韓又嘗問曰王珽杼上終葵首當作何形乃答云珽頭曲圜勢如葵葉耳韓既有學忍笑為吾說之

治點子弟文章以為聲價大弊事也一則不可常繼終露其情二則學者有憑益不精勵

鄴下有一少年出為襄國令頗自勉督公事經懷每加撫卹以求聲譽凡遣兵役握手送離或齎梨棗餅餌人人贈別云上命相煩情所不忍道路饑渴以此見思民

庋稱之不容於口及遷為泗州别駕貲費日廣不可常

周一有偽情觸塗難繼功績遂敗損矣　或問曰夫神

滅形消遺聲餘價亦猶鼉鼓蛇皮獸迒鳥迹耳何預於

死者而聖人以為教乎對曰勸也勸其立名則獲其實

且勸一伯夷而千萬人立清風矣勸一季札而千萬人

立仁風矣勸一柳下惠而千萬人立真風矣勸一史魚

而千萬人立直風矣故聖人欲其魚鱗鳳翼雜沓參差

不絕於世豈不弘哉四海悠悠皆慕名者蓋因其情而

致其善耳抑又論之祖考之嘉名美譽亦子孫之冕服墻宇也自古及今獲其庇廕者衆矣夫脩善立名者亦猶築室樹果生則獲其利死則遺其澤世人汲汲者不達此意若其與魂爽俱昇松栢偕茂惑矣哉

顔氏家訓卷上

欽定四庫全書

顏氏家訓卷下

北齊　顏之推　撰

涉務篇第十一

夫君子之處世貴能有益於物耳不徒高談虛論左琴右書以費人君祿位也國之用材大較不過六事一則朝廷之臣取其鑒達治體經綸博雅二則文史之臣取其著述憲章不忘前古三則軍旅之臣取其斷決有謀

强幹習事四則藩屏之臣取其明練風俗清白愛民五則使命之臣取其識變從宜不辱君命六則興造之臣取其程功節費開悟有術此則皆勤學守行者所能辦也人性有長短豈責具美於六塗哉但當皆曉指趣能守一職便無媿耳 吾見世中文學之士品藻古今若指諸掌及有試用多無所堪居承平之世不知有喪亂之禍處廟堂之下不知有戰陣之急保俸禄之資不知有耕稼之苦肆吏民之上不知有勞役之勤故難可以

應世經務也晉朝南渡優借士族故江南冠帶有才幹者擢為令僕以下尚書郎中書舍人已上典掌機要其餘文義之士多迂誕浮華不涉世務纖微過失又惜行捶楚所以處於清高蓋護其短也至於臺閣令史主書監帥諸王籤省並曉習吏用濟辦時須縱有小人之態皆可鞭杖肅督故多見委使蓋用其長也人每不自量舉世怨梁武帝父子愛小人而疏士大夫此亦眼不能見其睫耳

梁世士大夫皆尚褒衣博帶大冠高履出

則車輿入則扶侍郊郭之内無乗馬者周弘正為宣城王所愛給一果下馬常服御之舉朝以為放達至乃尚書郎乗馬則糾劾之及侯景之亂膚脆骨柔不堪行步體羸氣弱不耐寒暑坐死倉猝者往往而然古人欲知稼穡之艱難斯葢貴穀務本之道也夫食為民天民非食不生矣三日不粒父子不能相存耕種之茠鉏之刈穫之載積之打拂之簸揚之凡幾涉手而入倉廩安可輕農事而貴末業哉江南朝士因晉中興南渡江卒為

羈旅至今八九世未有力田悉資俸祿而食耳假令有者皆信僮僕為之未嘗目觀起一撥土耘一株苗不知幾月當下幾月當收安識世間餘務乎故治官則不了營家則不辦皆優閒之過也

省事篇第十二

銘金人云無多言多言多敗無多事多事多患至哉斯戒也能走者奪其翼善飛者減其指有角者無上齒豐後者無前足蓋天道不使物有兼焉也古人云多為少

善不如執一鼯鼠五能不成伎術近世有兩人朗悟士也惟多營綜畧無成名經不足以待問史不足以討論文章無可傳於集録書迹未堪以留愛翫卜筮射六得三醫藥治十差五音樂在數十人下弓矢在千百人中天文畫繪碁博鮮卑語煎胡桃油鍊錫為銀如此之類畧得梗槩皆不通熟惜乎以彼神明若省其異端當精妙也　上書陳事起自戰國逮於兩漢風流彌廣原其體度攻人主之長短諫諍之徒也訐羣臣之得失訟訴

之類也陳國家之利害對策之伍也帶私情之與奪遊說之儔也總此四塗賈誠以求位鬻言以干祿或無絲毫之益而有不省之困幸而感悟人主為時所納初獲不貲之賞終陷不測之誅則嚴助朱買臣吾丘壽王主父偃之類甚衆良史所書蓋取其狂狷一介論政得失耳非士君子守法度者所為也今世所覩懷瑾瑜而握蘭桂者悉恥為之守門詣闕獻書言計率多空薄高自矜夸無經略之大體咸糠粃之微事十條之中一不足

採縱合時務已漏先覺非謂不知但患知而不行耳或被發姦私面相酬證事迹迴冗飜懼愆尤人主外護聲教脫加含養此乃僥倖之徒不足與比肩也　諫諍之徒以正人君之失爾必在得言之地當盡匡賛之規不容苟免偷安垂頭塞耳至於就養有方思不出位干非其任斯則罪人故表記云事君遠而諫則諂也近而不諫則尸利也論語曰未信而諫人以為謗已也　君子當守道崇德蓄價待時爵禄不登信由天命須求趨競

不顧羞慙比較材能斟量功伐厲色揚聲東怨西怒或有劫持宰相瑕疵而獲酬謝或有諠聒時人視聽求見發遣以此得官謂為才力何異盜食致飽竊衣取溫哉世見躁競得官者便為弗索何獲不知時運之來不然亦至也見靜退未遇者便謂弗為胡成不知風雲不與徒求無益也凡不求而自得求而不得者焉可勝算乎

齊之季世多以財貨託附外家諠動女謁拜守宰者印組光華車騎輝赫榮兼九族取貴一時而為執政所

患隨而伺察旣以得利必以利治微染風塵便乖肅正坑穽殊深瘡痏未復縱得免死莫不破家然後噬臍亦復何及吾自南及北未嘗一言與時人論身分也不能通達亦無尤焉　王子晉云佐饔得嘗佐鬭得傷此言為善則預為惡則去不欲黨人非義之事也凡損於物皆無與焉然而窮鳥入懷仁人所憫況死士歸我當棄之乎伍員之託漁舟季布之入廣柳孔融之藏張儉孫高之匿趙岐前代之所貴而吾之所行也以此得辠甘

心瞋目至如郭解之代人報讎灌夫之横怒求地游俠之徒非君子之所為也如有逆亂之行得辠於君親者又不足卹焉親友之迫危難也家財已力當無所吝若横生圖計無理請謁非吾教也墨翟之徒世謂熱腹楊朱之侶世謂冷腸腸不可冷腹不可熱當以仁義為節文爾

前在修文令曹有山東學士與關中太史競歷凡十餘人紛紜累歲内史牒付議官平之吾執論曰大抵諸儒所爭四分并減分兩家爾歷象之要可以晷景

測之令驗其分至薄蝕則四分疏而減分密疏者則稱政令有寛猛運行致盈縮非算之失也密者則云日月有遲速以術求之預知其度無災祥也用疏則藏姦而不信用密則任數而違經且議官所知不能精於訟者以淺裁深安有肯服既非格令所司幸勿當也舉曹貴賤咸以為然有一禮官恥為此議苦欲留連强加考覈機杼既薄無以測量還復採訪訟人窺望長短朝夕聚議寒暑煩勞背春涉冬竟無與奪怨誚滋生赧然而退

終為內史所迫此好名好事之辱也

止足篇第十三

禮云欲不可縱志不可滿宇宙可臻其極情性不知其窮唯在少欲知止為立涯限爾先祖靖侯戒子姪曰汝家書生門戶世無富貴自今仕宦不可過二千石婚姻勿貪勢家吾終身服膺以為名言也天地鬼神之道皆惡滿盈謙虛沖損可以免害人生衣取以覆寒露食取以塞饑乏爾形骸之內尚不得奢靡己身之外而欲

窮驕泰耶周穆王秦始皇漢武帝富有四海貴為天子不知紀極猶自敗累況士庶乎常以為二十口家奴婢盛多不可出二十人良田十頃堂室纔蔽風雨車馬僅代杖策蓄財數萬以擬吉凶急速不啻此者以義散之不至此者勿非道求之泰仕宦稱泰不過處在中品前望五十人後顧五十人足以免恥辱無傾危也髙此者便當罷謝偃仰私庭吾近為黄門郎已可收退當時羇旅懼罹謗讟思為此計僅未暇爾自喪亂已來見因託

風雲徼倖富貴旦執機權夜隕坑谷朔歡卓鄭晦泣顔原者非十人五人也慎之哉慎之哉

誡兵篇第十四

顔氏之先本乎鄒魯或分入齊世以儒雅為業徧在書記仲尼門徒升堂者七十有二顔氏居八人焉秦漢魏晉下逮齊梁未有用兵以取達者春秋之世顔高顔鳴顔羽之徒皆一鬬夫爾齊有顔涿聚趙有顔冣（或作聚）漢末有顔良宋有顔延之並處將軍之任竟以顛覆漢郎

顏泗自稱好武更無事迹顏忠以黨楚王受誅顏俊以據武威見殺得姓已來無清操者唯此二人皆罹禍敗頃世亂離衣冠之士雖無身手或聚徒衆違棄素業徼倖戰功吾既羸薄仰惟前代故寘心於此子孫誌之孔子力翹門關不以力聞此聖證也吾見今世士大夫纔有氣幹便倚賴之不能被甲執兵以衛社稷但微行險服逞弄拳腕大則陷危亡小則貽恥辱遂無免者國之興亡兵之勝敗博學所至幸討論之入帷幄之中參廟

堂之上不能為主畫規以謀社稷君子所恥也然而每見文士頗讀兵書微有經畧若承平之世睥睨宮閫幸災樂禍首為逆亂詿誤善良如在兵革之時構扇反覆縱橫說誘不識存亡強相扶戴此皆陷身滅族之本也誡之哉誡之哉習五兵便乘騎正可稱武夫爾今世士大夫但不讀書即稱武夫兒乃飯囊酒甕也

養生篇第十五

神仙之事未可全誣但性命在天或難種植人生居世

觸途牽縶幼少之日既有供養之勤成立之年便增妻孥之累衣食資須公私勞役而望遁跡山林超然塵滓千萬不過一爾加以金玉之費鑪器所須益非貧士所辦學如牛毛成如麟角華山之下白骨如莽何有可遂之理考之内教縱使得仙終當有死不能出世不願汝曹專精於此若其愛養神明調獲氣息慎節起卧均適寒暄禁忌食飲將餌藥物遂其所禀不為夭折者吾無間然諸藥餌法不廢世務也庾肩吾常服槐實年七十

餘目看細字鬢髮猶黑鄴中朝士有單服杏仁枸杞黃精朮車前得益者甚多不能一一說爾吾嘗患齒搖動欲落飲食熱冷皆苦疼痛見抱朴子牢齒之法早朝叩齒三百下為良行之數日即平愈今恒持之此輩小術無損於事亦可修也凡欲餌藥陶隱居太清方中總録甚備但須精審不可輕服近有王愛州在鄴學服松脂不得節度腸塞而死為藥所誤者甚多　夫養生先須慮禍全身保性有此生然後養之勿徒養其無生也單

豹養於内而喪外張毅養於外而喪内前賢所戒也嵇康著養生之論而以傲物受刑石崇冀服餌之徵而以貪溺取禍往世之所迷也　夫生不可不惜不可苟惜涉險畏之途干禍難之事貪欲以傷生讒慝而致死此君子之所惜哉行誠孝而見賊履仁義而得罪喪身以全家泯軀而濟國君子不咎也自亂離已來吾見名臣賢士臨難求生終為不救徒取窘辱令人憤懣侯景之亂王公將相多被戮辱妃主姬妾略無全者唯吴郡太

守張嵊建義不捷為賊所害辭色不撓及鄱陽王世子謝夫人登屋詬怒見射而斃夫人謝遵女也何賢智操行若此之難婢妾引決若此之易悲夫

歸心篇第十六

三世之事信而有徵家世業此勿輕慢也其間妙音具諸經論不復於此少能讚述但懼汝曹猶未牢固略重勸誘爾原夫四塵五廕剖析形有六舟三駕運載羣生萬行歸空千門入善辯才智惠豈徒七經百氏之博哉

明非堯舜周孔所及也内外兩教本為一體漸極為異深淺不同内典初門設五種禁外典仁義禮智信皆與之符仁者不殺之禁也義者不盜之禁也禮者不邪之禁也智者不淫之禁也信者不妄之禁也至如畋狩軍旅燕享刑罰因民之性不可卒除就為之節使不淫濫爾歸周孔而背釋宗何其迷也俗之謗者大抵有五其一以世界外事及神化無方為迂誕也其二以吉凶禍福或未報應為欺誑也其三以僧尼行業多不精純為

姦慝也其四以糜費金寶減耗課役為損國也其五以縱有因緣如報善惡安能辛苦今日之甲利後世之乙乎為異人也今並釋之于下云　釋一曰夫遥大之物寧可度量今人所知莫若天地天為積氣地為積塊日為陽精月為陰精星為萬物之精儒家所安也星有墜落乃為石矣精若是石不得有光性又質重何所繫屬一星之徑大者百里一宿首尾相去數萬百里之物數萬相連闊狹從斜常不盈縮又星與日月形色同爾但

以大小為其等差然而日月又當石也石既牢密烏兎焉容石在氣中豈能獨運日月星辰若皆是氣氣體輕浮當與天合往來環轉不得錯違其間遲疾理宜一等何故日月五星二十八宿各有度數移動不均寧當氣墜忽變為石地既滓濁法應沉厚鑿土得泉乃浮水上積水之下復有何物江河百谷從何處生東流到海何為不溢歸塘尾閭渫何所到沃焦之石何氣所然潮汐去還誰所節度天漢懸指那不散落水性就下何故上

騰天地初開便有星宿九州未劃列國未分翦疆區野若為躔次封建已來誰所制割國有增減星無進退災祥禍福就中不差乾象之大列星之夥何為分野止繫中國昴為旄頭匈奴之次西夷東越彫題交阯獨棄之乎以此而求迄無了者豈得以人事尋常抑必宇宙外也凡人之信唯耳與目耳目之外咸致疑焉儒家說天自有數義或渾或蓋乍宣乍安斗極所周管維所屬若所親見不容不同若所測量寧足依據何故信凡人之

臆説逃大聖之妙旨而欲必無恒沙世界微塵數刼也而鄒衍亦有九州之談山中人不信有魚大如木海上人不信有木大如魚漢武不信弦膠魏文不信火布邊人見錦不信有蟲食樹吐絲所成昔在江南不信有千人氊帳及來河北不信有二萬斛船皆實驗也世有祝師及諸幻術猶能履火蹈刃種瓜移井倏忽之間十變五化人力所為尚能如此何況神通感應不可思量千里寶幢百由旬座化成淨土踊出妙塔乎　釋二曰夫

信謗之徵有如影響耳聞眼見其事已多或乃精誠不深業緣未感時儻差闌終當獲報耳善惡之行禍福所歸九流百氏皆同此論豈獨釋典為虛妄乎項橐顏回之短折原憲伯夷之凍餒盜跖莊蹻之福壽齊景桓魋之富强若引之先業冀以後生更為通耳如以行善而偶鍾禍報為惡而儻值福徵便可怨尤即為欺詭則亦堯舜之云虛周孔之不實也又欲安所依信而立身乎

釋三曰開闢已來不善人多而善人少何由悉責其

精潔乎見有名僧高行棄而不說若覩凡僧流俗便生非毀且學者之不勤豈教者之為過俗僧之學經律何異士人之學詩禮以詩禮之教格朝廷之人略無全行者以經律之禁格出家之輩而獨責無犯哉且闕行之臣猶求祿位毀禁之侶何慙供養乎其於戒行自當有犯一披法服已墮僧數歲中所計齋講誦持比諸白衣猶不啻山海也　釋四曰內教多途出家自是其一法耳若能誠孝在心仁惠為本須達流水不必剃落鬚髮

豈令罄井田而起塔廟窮編戶以為僧尼也皆由為政不能節之遂使非法之寺妨民稼穡無業之僧空國賦算非大覺之本旨也抑又論之求道者身計也惜費者國謀也身計國謀不可兩遂誠臣徇主而棄親孝子安家而忘國各有行也儒有不屈王侯高尚其事隱有讓王辭相避世山林安可計其賦役以為罪人若能偕化黔首悉入道場如妙樂之世穰佉之國則有自然稻米無盡寶藏安求田蠶之利乎

釋五曰形體雖死精神

猶存人生在世望於後身似不相屬及其歿後則與前身似猶老少朝夕耳世有魂神示現夢想或降童妾或感妻孥求索飲食徵須福祐亦為不少矣今人貧賤疾苦莫不怨尤前世不修功業以此而論安可不為之作地乎夫有子孫自是天地間一蒼生耳何預身事而乃愛護遺其基址況於已之神爽頓欲棄之哉凢夫蒙蔽不見未來故言彼生與今非一體耳若有天眼鑒其念念隨滅生生不斷豈可不怖畏耶又君子處世貴能克

已復禮濟時益物治家者欲一家之慶治國者欲一國之良僕妾臣民與身竟何親也而為勤苦修德乎亦是堯舜周孔虛失愉樂耳一人修道濟度幾許蒼生免脫幾身罪累幸熟思之汝曹若觀俗計樹立門戶不棄妻子未能出家但當兼修戒行留心誦讀以為來世津梁人身難得勿虛過也儒家君子尚離庖廚見其生不忍其死聞其聲不食其肉高柴折像未知內教皆能不殺此乃仁者自然用心含生之徒莫不愛命去殺之事必

勉行之好殺之人臨死報驗子孫殃禍其數甚多不能悉録耳且示數條於未梁世有人常以鷄卵白和沐云使髪光每沐輒破二三十枚臨死髪中但聞啾啾數千雞雛聲　江陵劉氏以賣鱔羮為業後生一兒頭是鱔自頸以下方為人耳　王克為永嘉郡守有人餉羊集賔欲讌而羊繩解來投一客先跪兩拜便入衣中此客竟不言之固無救請須臾宰羊為炙先行至客一臠入口便下皮内周行遍體痛楚號叫方復說之遂作羊鳴

而死　梁孝元在江州時有人為望蔡縣令經劉敬躬亂縣廨被焚寄寺而住民將牛酒作禮縣令以牛繫剎柱屏除形像鋪設牀坐於堂上接賓未殺之頃牛解徑來至階而拜縣令大笑命左右宰之飲噉醉飽便臥簷下稍醒而覺體癢爬搔隱疹因爾成癩十許年死　楊思達為西陽郡守值侯景亂時復旱儉饑民盜田中麥思達遣一部曲守視所得盜者輒截手腕凡戮十餘人部曲後生一男自然無手　齊有一奉朝請家甚豪侈

非手殺牛噉之不美年三十許病篤大見牛來舉體如被刀刺呌呼而終　江陵高偉隨吾入齊凡數年向幽州淀中捕魚後病每見羣魚齧之而死　世有癡人不識仁義不知富貴並由天命為子娶婦恨其生資不足倚作舅姑之尊虵虺其性毒口加誣不識忌諱罵辱婦之父母却云教以婦道不孝已身不顧他恨但憐已之子女不愛已之兒婦如此之人陰紀其過鬼奪其算慎不可與為鄰仍不可與為援宜遠之哉

書證篇第十七

詩云參差荇菜爾雅云荇萎余也字或為莕先儒解釋皆云水草葉圓細莖隨水淺深今是水悉有之黄花似蓴江南俗人呼為猪蓴或呼為荇菜劉芳具有注釋而河北俗人多不識之博士皆以叅差者是莧菜呼人莧為人荇亦可笑之甚　詩云誰謂荼苦爾雅毛傳並以荼苦菜也又禮云苦菜秀案易統通卦驗玄圖曰苦菜生於寒秋更冬歷春得夏乃成今中原苦菜則如此也

一名游冬葉似苦苣而細摘斷有白汁花黃似菊江南别有苦菜葉似酸漿其花或紫或白子大如珠熟時或赤或黒此菜可以釋勞案郭璞注爾雅此乃識黃蒢也今河北謂之龍葵梁世講禮者以此當苦菜既無宿根至春子方生耳亦大誤也又高誘注呂氏春秋曰榮而不實曰英苦菜當言英益知非龍葵也　詩云有杕之杜江南本並木傍施大傳曰杕獨貌也徐仙民音徒計反說文曰杕樹貌也在木部韻集音次第之第而河北

本皆爲夷狄之狄讀亦如字此大誤也　詩云駉駉牡馬江南書皆作牧牡之牡河北本悉爲放牧之牧鄴下博士見難云駉頌既美僖公牧于坰野之事何限騲騭乎余荅曰案毛傳云駉駉良馬腹幹肥張也其下又云諸侯六閑四種有良馬戎馬田馬駑馬若作放牧之意通於牝牡則不容限在良馬獨得駉駉之稱良馬天子以駕玉輅諸侯以充朝聘郊祀必無騲也周禮圉人職良馬匹一人駑馬麗一人圉人所養亦非騲也頌人舉

其强駿者言之於義為得也易云良馬逐逐左傳云以其良馬二亦精駿之稱非通語也今以詩傳良馬通於牧騲恐失毛生之意且不見劉芳義證乎　月令云荔挺出鄭玄注云荔挺馬薤也説文云荔似蒲而小根可為刷廣雅云馬薤荔也通俗文亦云馬藺易統通卦驗玄圖云荔挺不出則國多火災蔡邕月令章句云荔似挺高誘注呂氏春秋云荔草挺出也然則月令注荔挺為草名誤矣河北平澤率生之江東頗有此物人或種

於階庭但呼為旱蒲故不識馬莧講禮者乃以為馬莧堪食亦名豚耳俗曰馬齒江陵嘗有一僧面形上廣下狹劉緩幼子民譽年始數歲俊悟善體物見此僧云面似馬莧其伯父劉縚因呼為荔挺法師縚親講禮名儒尚誤如此　詩云將其來施施毛傳云施施難進之意鄭箋云施施舒行貌也韓詩亦重為施施河北毛詩皆云施施江南舊本悉單為施俗遂是之恐有少誤　詩云有渰萋萋興雲祁祁毛傳云渰陰雲貌萋萋雲行貌

祁祁徐貌也箋云古者陰陽和風雨時其來祁祁然不暴疾也案渰已是陰雲何勞復云興雲祁祁耶雲當為雨俗寫誤耳班固靈臺詩云三光宣精五行布序習習祥風祁祁甘雨此其證也 禮記云定猶豫決嫌疑離騷曰心猶豫而狐疑先儒未有釋書案尸子曰五尺犬為猶說文云隴西謂犬子為猶吾以為人將犬行犬好豫在人前待人不得又來迎候如此往還至于終日斯乃豫之所以為未定也故稱猶豫或以爾雅曰猶如麂善

登木猶獸名也旣聞人聲乃豫緣木如此上下故稱猶豫狐之為獸又多猜疑故聽河冰無流水聲然後渡今俗云狐疑虎卜則其義也　左傳曰齊侯痎遂痁說文云痎二日一發之瘧痁有熱瘧也案齊侯之病本是間日一發漸加重乎故為諸侯憂也今北方猶呼痎瘧音皆在世間傳本多以痎為疥杜征南亦無解釋徐仙民音介俗儒就為通云病疥令人惡寒變而成痁此臆說也疥癬小疾何足可論寧有患疥轉作瘧乎　尚書曰

惟影響周禮云土圭測影影朝影夕孟子曰圖影失形莊子云罔兩問影如此等字皆當為光景之景凡陰景者因光而生故即謂為景淮南子呼為景柱廣雅云晷柱掛景並是也至晉世葛洪字苑傍始加彡音杉音於景反而世間輒改治尚書周禮莊孟從葛洪字甚為失矣太公六韜有天陳地陳人陳雲鳥之陳論語曰衛靈公問陳於孔子左傳為魚麗之陳俗本多作阜傍車乘之車按諸陳字並作陳鄭之陳夫行陳之義取於陳列

耳此六書為假借也蒼雅及近世字書皆無別字唯王羲之小學章獨阜傍作車縱復俗行不宜追改六繇論語左傳也詩云黃鳥于飛集於灌木傳云灌木叢木也此乃爾雅之文故李巡注曰木叢生曰灌爾雅末章又云木族生為灌族亦叢聚也所以江南詩古本皆為叢聚之叢而古叢字似㝡字近世儒生因改為㝡解云木之㝡高長者案衆家爾雅及解詩無言此者唯周續之毛詩注音為徂會反劉昌宗詩注音為在公反又狙會

反皆為穿鑿失爾雅訓也　也是語已及助句之辭文籍備有之矣河北經傳悉略此字其間字有不可得無者至如伯也執殳於旅也語囬也屢空風風也教也及詩傳云不戢戢也不儺儺也不多多也如斯之類儻削此文頗成廢闕詩言青青子衿傳曰青衿青領也學子之服按古者斜領下連於衿故謂領為衿孫炎郭璞注爾雅曹大家注列女傳並云衿交領也鄴下詩本既無也字羣儒因謬說云青衿青領是衣兩處之名皆以青

為飾用釋青青二字其失大矣又有俗學聞經傳中時須也字輒以意加之每不得所益誠可笑　易有蜀才注江南學士遂不知是何人王儉四部目録不言姓名題云王弼後人謝炅夏侯該並讀數千卷書皆疑是譙周而李蜀書一名漢之書云姓范名長生自稱蜀才南方以晉渡江後北間傳記皆名為僞書不貴省讀故不見也　禮王制云贏股肱鄭注云謂㨹衣出其臂脛今書皆作擐甲之擐國子博士蕭該云擐當作㨹音宣擐是

穿著之名非出臂之義案字林蕭讀是徐爰音患非也

漢書田肯賀上江南本皆作宵字沛國劉顯博覽經籍偏精班漢梁代謂之漢聖顯子臻不墜家業讀班史呼為田肯梁元帝嘗問之荅曰此無義可求但臣家舊本以雌黄改宵字為肯元帝無以難之吾至江北見本為肯

漢書王莽贊云紫色蛙聲餘分閏位蓋謂非玄黄之色不中律吕之音也近有學士名問甚高遂云王莽非直鳶髆虎視復紫色蛙聲亦為誤矣

簡策字竹

下施束七賜反末代隸書似杞宋之宋亦有竹下遂為夾者猶如刺字之傍應為束今亦作夾徐仙民春秋禮音遂以筴為正字以策為音殊為顛倒史記又作悉字誤而為述作妬字誤而為姤裴徐鄒皆以悉字音述以妬字音妬既爾亦可以亥為豕字音以帝為虎字音乎

張揖云虙今伏羲氏也孟康漢書古文注亦云虙今伏而皇甫謐云伏羲或謂之宓羲按諸經史緯候遂無宓羲之號虙字從虍音呼宓字從宀音綿下俱為必末世傳寫

遂誤以處為宓而帝王世紀因誤更立名耳何以驗之孔子弟子處子賤為單父宰即處羲之後俗字亦為宓或復加山今兖州永昌郡城舊單父地也東門有子賤碑漢世所立乃云濟南伏生即子賤之後是知處之與伏古來通字誤以為宓較可知矣　太史公記曰寧為鷄口無為牛後此是刪戰國策耳按延篤戰國策音義曰尸雞中之主從牛子然則口當為尸後當為從俗寫誤也　應劭風俗通云太史公記高漸離變名易姓為

人庸保匿作於宋子久之作苦聞其家堂上有客擊筑伎癢不能無出言案伎癢者懷其伎而腹癢也是以潘岳射雉賦亦云徒心煩而伎癢今史記並作徘徊或作徬徨不能無出言是為俗傳寫誤爾　太史公論英布曰禍之興自愛姬生於妬媢以至滅國又漢書外戚傳亦云成結寵妾妬媢之誅此二媢並當作娼娼亦妬也義見禮記三蒼且五宗世家亦云常山憲王后妬娼王充論衡云妬夫娼婦生則忿怒鬭訟益知娼是妬之别

名原英布之誅為意責赫耳不得言媢　史記始皇本紀二十八年丞相隗林丞相王綰等議於海上諸本皆作山林之林開皇二年五月長安民掘持秦時鐵稱權旁有銅塗鐫銘二所其一所曰廿六年皇帝盡幷兼天下諸侯黔首大安立號為皇帝乃詔丞相狀綰灋度量則不壹歉疑者皆壹明之凡四十字其一所曰元年制詔丞相斯去疾法度量盡始皇帝為之皆刻辭焉今襲號而刻辭不稱始皇帝其於久遠也如後嗣為之者不

稱成功盛德刻此詔 左使毋疑凡五十八字一字磨滅見有五十七字了了分明其書兼為古隸余被勑寫讀之與內史令李德林對見此稱權今在官庫其丞相狀字乃為狀貌之狀爿旁作犬則知俗作隗林非也當為隗狀耳 漢書云中外禔福字當從示禔安也音匙匕之匙義見蒼雅方言河北學士皆云如此而江南書本多誤從手屬文者對耦並為提挈之意恐為誤

或問漢書注為元后父名禁改禁中為省中何故以省

代禁荅曰案周禮宮正掌王宮之戒令糺禁鄭注云糺猶割也察也李登云省察也張揖云省今省詟也然則小井所領二反並得訓察其處既常有禁衛省察故以省代禁詟古察字也　漢明帝紀為四姓小侯立學按桓帝加元服又賜四姓及梁鄧小侯帛是知皆外戚也明帝時外戚有樊氏郭氏陰氏馬氏為四姓謂之小侯者或以年小獲封故須立學耳或以侍祠猥朝侯非列侯故曰小侯禮云庶方小侯則其義也　後漢書云鸛

雀銜三鱓音善魚多假借為鱣鮪之鱣俗之學士因謂之為鱣魚案魏武四時食制鱣魚大如五斗奩長一丈郭璞注爾雅鱣長二三丈安有鸛雀能勝一者況三頭乎鱣又純灰色無文章也鱓魚長者不過三尺大者不過三指黃地黑文故都講云虵鱓卿大夫服之象也續漢書及搜神記亦說此事皆作鱓字孫卿云魚鼈鰌鱣及韓非說苑皆曰鱣似虵蠶似蠋並作鱣字假鱣為鱓其來久矣

後漢書酷吏樊曅為天水郡守涼州為之歌曰寧

見乳虎穴不入昰城寺而江南書本穴皆誤作六學士因循迷而不寤夫虎豹穴居事之較者所以班超云不探虎穴安得虎子寧當論其六七乎　後漢書楊由傳云風吹削肺此是削札牘之柹耳古者書誤則削之故左傳云削而投之是也或即謂札為削王褒童約曰書削代牘蘇竟書云昔以摩研編削之才皆其證也詩云伐木滸滸毛傳云滸滸柹貌也史家假借為肝肺字俗本悉作脯腊之脯或為反哺之哺學士因解云削哺是

屛障之名既無證據亦為妄矣此是風角占候耳風角書曰庶人風者拂地揚塵轉削若是屛障何由可轉也

三輔决録云前隊大夫范仲公鹽豉蒜果共一筩果當作魏顆之顆北土通呼物一由改為一顆蒜顆是俗間常語耳故陳思王鷂雀賦曰頭如果蒜目似擘椒又道經云合口誦經聲璅璅眼中淚出珠子𥓿其字雖異其音與義頗同江南但呼為蒜符不知謂為顆學士相承讀為裹結之裹言鹽與蒜共苞一裹內筩中耳正史

削繁音義又音蒜顆為苦戈反皆失也 有人訪吾曰魏志蔣濟上書云弊攰之民何字也余應之曰意為攰即是皷倦之皷耳要用字苑云皷音九偽反字見廣雅及陳思王集也張揖呂忱並云支傍作刀劒之刀亦是剞字不知蔣氏自造支傍作筋力之力或借剞字終當音九偽反 晉中興書太山羊曼常頽縱任俠飲酒誕節兖州號為𨤲伯此字更無音訓梁孝元帝嘗謂吾曰由來不識唯張簡憲見教呼為嚃羹之嚃自爾便遵承之亦不知所出簡憲是湘

州刺史張纘謚也江南號為碩學案法盛世代殊近當
是耆老相傳俗間又有𨤲𨤲語蓋無所不見無所不容
之意也顧野王玉篇誤為黑傍沓顧雖博物猶出簡憲
孝元之下而二人皆云重邊吾所見數本並無作黑者
重沓是多饒積厚之意從黑更無義旨 古樂府歌詞
先述三子次及三婦婦是對舅姑之稱其末章云丈人
且安坐調絃未遽央古者子婦供事舅姑旦夕在側與
兒女無異故有此言丈人亦長老之目今世俗猶呼其

祖考為先已丈人又疑丈當作大北間風俗婦呼舅為大人公丈之與大易為誤耳近代文士頗作三婦詩乃為匹嫡並耦已之羣妻之意又加鄭衛之辭大雅君子何其謬乎　古樂府歌百里奚詞曰百里奚五羊皮憶別時烹伏雌吹扊扅今日富貴忘我為吹當作炊煑之炊案蔡邕州令章句曰鍵關牡也所以止扉或謂之剡移然則當時貧困并以門牡木作薪炊耳聲類作扊又或作居　通俗文世間題云河南服虔字子慎造虔既

是漢人其叙乃引蘇林張揖蘇張皆是魏人且鄭玄以前全不解反語通俗反音甚為近俗阮孝緒又云李虔所造河北此書家藏一本遂無作李虔者晉中經簿及七志並無其目竟不得知誰制然其文義允愜實是高才殷仲堪常用字訓亦引張虔俗說今復無此書未知即是通俗文為當有異近代或更有服虔乎不能明也

或問山海經夏禹及益所記而有長沙零陵桂陽諸暨如此郡縣不少以為何也荅曰史之闕文為日久矣

加復秦人滅學董卓焚書典籍錯亂非止於此譬猶本草神農所述而有豫章朱崖趙國常山奉高真定臨淄馮翊等郡縣名出諸藥物小雅周公所作而云張仲孝友仲尼脩春秋而經書孔某卒世本左丘明所書此說出皇甫謚帝王世紀而有燕王喜漢高祖汲冢瑣語乃載秦望碑蒼頡篇李斯所造而云漢兼天下海內并廁豨黥韓覆畔討滅殘列仙傳劉向所造而贊云七十四人出佛經列女傳亦向所造其子歆又作頌終于趙悼后而傳有更

始韓夫人明德馬后及梁夫人嫕皆由後人所羼非本文也　或問曰東宮舊事何以呼鴟尾為祠尾荅曰張敞者吳人不堪稽古隨宜記注逐鄉俗訛謬造作書字耳吳人呼祠祀為鴟祀故以祠代鴟呼紺為禁故以糸旁作禁代紺字呼盞為竹簡反故以木傍作展以代盞字呼鑊字為霍字故以金傍作霍代鑊字又金傍作患為鐶字木傍作鬼為槐字火傍作庻為炙字既下作毛為髻字金花則金傍作華窓扇則木傍作扇諸如此類

專輒不少又問東宮舊事六色罽緄是何等物當作何音荅曰按説文云莙牛藻也讀若威音隈塢瑰反即陸機所謂聚藻葉如蓬者也郭璞注三蒼亦云藴藻之類也細葉蓬茸生然今水中有此物一節長數寸細茸如絲圓繞可愛長者二三十節猶呼為莙又寸斷五色絲横著線股間繩之以象莙草用以飾物即名為莙于時當紺六色罽作此莙以飾緄帶張敞因造絲旁畏耳宜作隈　栢人城東北有一孤山古書無載者唯闞駰十

三州志以為舜納于大麓即謂此山其上今猶有堯祠焉世俗或呼為宣務山或呼為虚無山莫知所出趙郡士族有李穆叔季節兄弟李普濟亦為學問並不能定鄉邑此山余嘗為趙州佐共太原王劭讀栢人城西門内碑碑是漢桓帝時栢人縣民為縣令徐整所立銘云土有巏嵍山王喬所仙方知此巏嵍山也巏字遂無所出嵍字依諸字書即旄丘之旄也旄字字林一音亡付反今依附俗名當音權務耳入鄴為魏收説之收大嘉

歎值其為趙州莊嚴寺碑銘曰權務之精即用此也

或問一夜何故五更更何所訓荅曰漢魏以來謂為甲夜乙夜丙夜丁夜戊夜又云鼓一鼓二鼓三鼓四鼓五鼓亦云一更二更三更四更五更皆以五為節西都賦亦云衛以嚴更之署所以爾者假令正月建寅斗柄夕則指寅曉則指午矣自寅至午凡歷五辰冬夏之月雖復長短叅差然辰間遼闊盈不至六縮不至四進退常在五者之間更歷也經也故曰五更爾　爾雅云朮山

薊也郭璞注云今朮似薊而生山中案木葉其體似薊近世文士遂讀薊為筋肉之筋以耦地骨用之恐失其義 或問俗名傀儡子為郭禿有故實乎荅曰風俗通云諸郭皆諱禿當是前代人有姓郭而病禿者滑稽調戲故後人為其象呼為郭禿猶文康象庾亮耳 或問曰何故名治獄參軍為長流乎荅曰帝王世紀云帝少昊崩其神降于長流之山此事本出山海經流作留於祀主秋此說本於月令按周禮秋官司寇主刑罰長流之職漢魏捕賊掾耳

晉宋以來始為參軍上屬司寇故取秋帝所居為嘉名焉　客有難主人曰今之經典子皆謂非說文所言子皆云是然則許慎勝孔子乎主人拊掌大笑應之曰今之經典皆孔子手迹耶客曰今之說文皆許慎手迹乎荅曰許慎檢以六文貫以部分使不得誤誤則覺之孔子存其義而不論其文也先儒尚得臨文從意何況書寫流傳耶必如左傳止戈為武反正為乏皿蟲為蠱亥有二首六身之類後人自不得輒改也安敢以說文校

其是非哉且余亦不專以說文為是也其有援引經傳與今乖者未之敢從　又相如封禪書曰導一莖六穗於庖犧雙觡共抵之獸此導訓擇光武詔云非徒有豫養導擇之勞是也而說文云導是禾名引封禪書為證無妨自當有禾名導非相如所用也禾一莖六穗於庖豈成文乎縱使相如天才鄙拙強為此語則下句當云麟雙觡共抵之獸不得云犧也吾嘗笑許純儒不達文章之體如此之流不足憑信大抵服其為書隱括有條

例剖析窮根源鄭玄注書往往引其為證若不信其說則冥冥不知一點一畫有何意焉世間小學者不通古今必依小篆是正書記凡爾雅三蒼說文豈能悉得蒼頡本指哉亦是隨代損益各有同異西晉已往字書何可全非但令體例成就不為專輒耳考校是非特須消息至如仲尼居三字之中兩字非體三蒼尼旁益卭說文居下施凡如此之類何由可從古無二字又多假借以中為仲以說為悅以召為卲以間為閑如此之徒亦

不勞改自有訛謬過成鄙俗亂旁為舌揖下無耳黿鼉從龜奮奪從雚音館席中加帶惡上安西鼓外設皮鑿頭生毀離則配禹壑乃施豁巫混經旁皐分澤片獵化為獦音葛獸名出山海經寵變成竉竉音郎動反孔也故從穴業左益土靈底著器率字自有律音強改為別單字自有善音輒析成異如此之類不可不治吾昔初看說文蚩薄世字從正則懼人不識隨俗則意嫌其非畧是不得下筆也所見漸廣更知通變救前之執將欲半焉若文章著述猶擇微

相影響者行之官曹文書世間尺牘幸不違俗也案彌亘字從二間舟詩云亘之秬秠是也今之隸書轉舟為日而何法盛中興書乃以舟在二間為舟航字謬也春秋說以人十四心為德詩說以二在天下為酉漢書以貨泉為白水真人新論以金昆為銀國志以天上有口為吳晉書以黃頭小人為恭宋書以召力為劭參同契以人負告為造如此之例蓋數術謬語假借依附雜以戲笑耳如猶轉貢字為項以叱為七安可用此定文字

音讀乎潘陸諸子離合詩賦拭卜破字經及鮑昭謎字皆取會流俗不足以形聲論之也　河間邢芳語吾云賈誼傳云日中必熭注熭暴也曾見人解云此是暴疾之意正言日中不須臾卒然便昃耳此釋為當乎吾謂邢曰此語本出太公六韜案字書古者暴曬字與暴疾字相似唯下少異後人專輒加傍日耳言日中時必須暴曬不爾者失其時也晉灼已有詳釋芳笑服而退

音辭篇第十八

夫九州之人言語不同生民已來固常然矣自春秋標齊言之傳離騷目楚詞之經此葢其較明之初也後有揚雄著方言其書大備然皆考名物之同異不顯聲讀之是非也逮鄭玄注六經高誘解呂覽淮南許慎造說文劉熹製釋名始有譬況假借以證音字耳而古語與今殊别其間輕重清濁猶未可曉加以外言内言急言徐言讀若之類益使人疑孫叔言創爾雅音義是漢末

人獨知反語至於魏世此事大行高貴鄉公不解反語以為怪異自茲厥後音韻鋒出各有土風遞相非笑指馬之諭未知孰是共以帝王都邑參校方俗考覈古今為之折衷權而量之獨金陵與洛下耳南方水土和柔其音清舉而切詣失在浮淺其辭多鄙俗北方山川深厚其音沉濁而鈋鈍得其質直其辭多古語然冠冕君子南方為優閭里小人北方為愈易服而與之談南方士庶數言可辯隔垣而聽其語北方朝野終日難分而

南染吳越北雜邊郵皆有深弊不可具論其謬失輕微者則南人以錢為涎以石為射以賤為羨以是為舐北人以庶為戍以如為儒以紫為姊以洽為狎如此之例兩失甚多至鄴已來唯見崔子約崔瞻叔姪李祖仁李蔚兄弟頗事言詞少為切正李季節著音韻決疑時有錯失陽休之造切韻殊為疎野吾見兒女雖在孩稚便漸督正之一言訛替以為己罪矣云為品物未考書記者不敢輒名汝曹所知也古今言語時俗不同著述之

人楚夏各異蒼頡訓詁反粺為逋賣反娃為於乖戰國
策音别為免穆天子傳音諫為間說文音戛為棘讀皿
為猛字林音看為口甘反音伸為辛韻集以成仍宏登
合成兩韻為奇益石分作四章李登聲類以系音羿劉
昌宗周官音讀乘若承此例甚廣必須考校前世反語
又多不切徐仙民毛詩音反驟為在遘左傳音切椽為
徒緣不可依信亦為衆矣今之學士語亦不正古獨何
人必應隨其訛僻乎通俗文曰入室求日搜反為兄侯

然則兄當音所榮反今北俗通行此音亦古語之不可用者璵璠魯之寶玉當音餘煩江南皆音藩屏之藩岐山當音為奇江南皆呼為神祇之祇江陵陷沒此音被於關中不知二者何所承案以吾淺學未之前聞也北人之音多以舉莒為矩唯李季節云齊桓公與管仲於臺上謀伐莒東郭牙望桓公口開而不閉故知所言者莒也然則莒矩必不同呼此為知音矣夫物體自有精麤精麤謂之好惡人心有所去取去取謂之好惡上呼號下

烏故反此音見於葛洪徐邈而河北學士讀尚書云好呼號反生惡殺於各反是為一論物體一就人情殊不通矣甫者男子之美稱古書多假借為父字北人遂無一人呼為甫者亦所未喻唯管仲范增之號須依字讀耳管仲號仲父范增號亞父

案諸字書焉名鳥名或云語詞皆音於愆反自葛洪要用字苑分焉字音訓若訓何訓安當音於愆反於焉逍遥於焉嘉客焉用佞焉得仁之類是也若送句及助詞當音矣愆反故稱龍焉故稱血焉有民人焉有

社稷焉託始焉爾晉鄭焉依之類是也江南至今行此分別昭然易曉而河北混同一音雖依古讀不可行於今也邪者音琊未定之詞左傳曰不知天之棄魯耶抑魯君有罪於鬼神邪莊子云天邪地邪漢書云是邪非邪之類是也而北人即呼為也字亦為誤矣難者曰繫辭云乾坤易之門戶邪此又為未定辭乎荅曰何為不爾上先標問下方列德以析之耳江南學士讀左傳口相傳述自為凡例軍自敗曰敗打破人軍曰敗補敗反諸記

傳未見補敗反徐仙民讀左傳唯一處有此音又不言自敗敗人之别此為穿鑿耳　古人云膏粱難整以其為驕奢自足不能尅勵也吾見王侯外戚語多不正亦由内染賤保傳外無賢師友故耳梁世有一侯嘗對元帝飲謔自陳癡鈍乃成颸段元帝荅之云颸異涼風段非干木謂郢州為永州元帝啓報簡文簡文云庚辰吴入遂成司䘵如此之類舉口皆然元帝手教諸子侍讀以此為誡河北切攻字為古琮與工公功三字不同殊為

僻也北世有人名違自稱為纖名琨自稱為衮名洸自稱為汪名約(音藥)自稱為猲(音爍)非唯音韻舛錯亦使其兒孫避諱紛紜矣

雜藝篇第十九

真草書迹微須留意江南諺云尺牘書疏千里面目也承晉宋餘俗相與事之故無頓狼狽者吾幼承門業加性愛重所見法書亦多而翫習功夫頗至遂不能佳者良由無分故也然而此藝不須過精夫巧者勞而智者

憂常為人所役使更覺為累韋仲將遺戒深有以也
王逸少風流才士蕭散名人舉世唯知其書翻以能自
蔽也蕭子雲每歎曰吾著齊書勒成一典文章弘義自
謂可觀唯以筆迹得名亦異事也王褒地胄清華才學
優敏後雖入關亦被禮遇猶以書工崎嶇碑碣之間辛
苦筆硯之役嘗悔恨曰假使吾不知書可不至今日邪
以此觀之慎勿以書自命雖然廝猥之人以能書拔擢
者多矣故道不同不相為謀也梁武秘閣散逸以來吾

見二王真草多矣家中嘗得十卷方知陶隱居阮交州蕭祭酒諸書莫不得羲之之體故是書之淵源蕭晚節所變乃是右軍年少時法也晉宋以來多能書者故其時俗遞相染尚所有部帙楷正可觀不無俗字非為大損至梁天監之間斯風未變大同之末訛替滋生蕭子雲改易字體邵陵王頗行偽字前上為草能傍作長之類是也朝野翕然以為楷式畫虎不成多所傷敗至為一字唯見數點或妄斟酌遂便轉移爾後墳籍略不可

肴北朝喪亂之餘書迹鄙陋加以專輒造字猥拙甚於江南乃以百念為憂言反為變不用為罷追來為歸更生為蘇先人為老如此非一徧滿經傳唯有姚元標工於草隸留心小學後生師之者衆洎于齊末祕書繕寫賢於往日多矣江南閭里間有畫書賦此乃陶隱居弟子杜道士所為其人未甚識字輕為軌則托名貴師世俗傳信後生頗為所誤也　畫繪之工亦為妙矣自古名士多或能之吾家常有梁元帝手畫蟬雀白團扇及

馬圖亦難及也武烈太子偏能寫真坐上賔客隨宜點染即成數人以問童孺皆知姓名矣蕭賁劉孝先劉靈並文學已外復佳此法翫閲古今特可寶愛若官未通顯每被公私使令亦為猥役吳郡顧士端出身湘東國侍郎後為鎮南府刑獄參軍有子曰庭西朝中書舍人父子並有琴書之藝尤妙丹青常被元帝所使每懷羞恨彭城劉岳橐之子也仕為驃騎府管記平氏縣令才學快士而畫絶倫後隨武陵王入蜀下牢之敗遂為陸

護軍畫支江寺壁與諸工巧雜處向使三賢都不曉畫直運素業豈見此恥乎　弧矢之利以威天下先王所以觀德擇賢亦濟身之急務也江南為世之常射以為兵射冠冕儒生多不習此别有博射弱弓長箭施於準的揖讓昇降以行禮焉防禦冦難了無所益亂離之後此術遂亡河北文士率曉兵射非直葛洪一箭已解追兵三九讌集常縻榮賜雖然要輕禽截狡獸不願汝輩為之　卜筮者聖人之業也但近世無復佳師多不能

中古者卜以決疑今人生疑於卜何者守道信謀欲行一事卜得惡卦反令怵惕音救惕也此之謂乎且十中六七以為上手粗知大意又不委曲凡射奇偶自然半收何足賴也世傳云解陰陽者為鬼所嫉坎壈貧窮多不稱泰吾觀近古以來尤精妙者唯京房管輅郭璞耳皆無官位多或罹災此言令人益信儻值世網嚴密強負此名便有詿誤亦禍源也及星文風氣率不勞為之吾嘗學六壬式亦值世間好匠聚得龍首金匱玉燮玉歴十

許種書討求無驗壽亦悔罷凡陰陽之術與天地俱生其吉凶德刑不可不信但去聖既遠世傳術書皆出流俗言辭鄙淺驗少妄多至如反支不行竟以遇害歸忌寄宿不免凶終拘而多忌亦無益也　算術亦是六藝要事自古儒士論天道定律歷者皆學通之然可以兼明不可以專業江南此學殊少唯范陽祖暅精之位至南康太守河北多曉此術（暅音亘）　醫方之事取妙極難不勸汝曹以自命也微解藥性小小和合居家得以救

急亦為勝事皇甫謐殷仲堪則其人也　禮曰君子無故不徹琴瑟古來名士多所愛好泊於梁初衣冠子孫不知琴者號有所闕大同以末斯風頓盡然而此樂愔愔雅致有深味哉今世曲解雖變於古猶足以暢神情也唯不可令有稱譽見役勳貴處之下坐以取殘杯冷炙之辱戴安道猶遭之況爾曹乎　家語曰君子不博為其兼行惡道故也論語云不有博奕者乎為之猶賢乎已然則聖人不用博奕為教但以學者不可常精有

時疲倦則儻為之猶勝飽食昏睡兀然端坐耳至如吳太子以為無益命韋昭論之王肅葛洪陶侃之徒不許目觀手執此並勤篤之志也能爾為佳古為大博則六著小博則二焭今無曉者比世所行一焭十二棊數術淺短不足可翫圍棊有手談坐隱之目頗為雅戲但令人躭憒廢喪實多不可常也　投壺之禮近世愈精古者實以小豆為其矢之躍也今則唯欲其驍益多益喜乃有倚竿帶劒狼壺豹尾龍首之名其尤妙者有蓮花

驍汝南周璝弘正之子會稽賀徽賀革之子並能一箭四十餘驍賀又嘗為小障置壺其外隔障投之無所失也至鄴以來亦見廣寧蘭陵諸王有此校具舉國遂無投得一驍者彈棊亦近世雅戲消愁釋憒時可為之

終制篇第二十

死者人之常分不可免也吾年十九值梁家喪亂其間與白刃為伍者亦常數輩幸承餘福得至於今古人云五十不為夭吾已六十餘故心坦然不以殘年為念先

有風氣之疾常疑奄然聊書素懷以為汝誡先君先夫人皆未還建鄴舊山旅葬江陵東郭承聖末啓求揚都欲營遷厝蒙詔賜銀百兩已於揚州小郊北地燒磚便值本朝淪没流離如此數十年間絶於還望今雖混一家道罄窮何由辦此奉營資費且揚都汙毁無復子遺還被下濕未為得計自咎自責貫心刻髓計吾兄弟不當仕進但以門衰骨肉單弱五服之内傍無一人播越他鄉無復資廕使汝等沉淪厮役以為先世之恥故靦

冒人間不敢墜失兼以北方政教嚴切全無隱退者故也今年老疾侵儻然奄忽豈求備禮乎一日放臂沐浴而已不勞復魄殮以常衣先夫人棄背之時屬世荒饉家塗空迫兄弟幼弱棺器率薄藏内無塼吾當松棺二寸衣帽已外一不得自隨牀上唯施七星板至如蠟弩牙玉豚錫人之屬並須停省糧䍐明器故不得營碑誌旒旐彌在言外載以鼈甲車襯土而下平地無墳若懼拜掃不知兆域當築一堵低墻於左右前後隨為私記

靈筵勿設枕几朔望祥禫唯下白粥清水乾棗不得有
酒肉餅果之祭親友來餟酹者一皆拒之汝曹若違吾
心有加先妣則陷父不孝在汝安乎其內典功德隨力
所至勿刳竭生資使凍餒也四時祭祀周孔所教欲人
勿死其親不忘孝道也求諸內典則無益焉殺生為之
翻增罪累若報罔極之德霜露之悲有時齋供及盡忠
信不辱其親所望於汝也孔子之葬親也云古者墓而
不墳某東西南北之人也不可以弗識也於是封之崇

四尺然則君子應世行道亦有不守墳墓之時況為事際所逼也吾今羈旅身若浮雲竟未知何鄉是吾葬地唯當氣絕便埋之耳汝曹宜以傳業揚名為務不可顧戀朽壤以取湮没也

顏氏家訓卷下

總校官進士臣程嘉謨

校對官中書臣甄松年

謄録監生臣徐用書